摩天文傳 編著

# 造氧小盆栽

## 踢走髒空氣

前言

## 盆栽新手也能享受種植的樂趣

小小的盆栽是一個個富有生命的綠色精靈，但對於很多盆栽新手來說，既充滿了喜愛，又不知從何下手。本書將教你種植盆栽的各類基本常識，從苗株的挑選、盆土的選擇到各類植物的養護介紹等等，並在推薦工具的輔助下，讓你快速有效地掌握種植要領。你只需用輕鬆愉悅的心情來迎接這些可愛的精靈，盡情享受種植盆栽的樂趣。

## 將小盆栽玩出大創意

你印象中的盆栽，還是那一棵棵孤零零種在紅色泥瓦盆中的小植物嗎？其實，現在的盆栽不再是千篇一律，而是玩出了新花樣。本書將教你多種植物的搭配組合、創意盆栽的種植方法等，細化到每一步的操作細節，讓你的盆栽充滿與眾不同的魅力。各種創意花器的運用，讓你在大開眼界的同時，感受盆栽與花器、創意與生活的完美結合。

## 盆栽是綠色健康生活的傳遞者

喜愛盆栽，就是愛它帶來的綠色健康氣息，愛養護它時內心與自然的貼近，愛它給予的那份心靈靜逸。所以種植盆栽可以表現人的生活態度及生活方式，並潛移默化地向你傳遞綠色健康生活的理念。熱愛生活、接近自然、追求健康，小小的盆栽可以散發大大的力量，它是綠色健康生活的傳遞者，更是你不可或缺的生活伴侶。

## 專業團隊帶你玩轉盆栽世界

本書由知名的生活類圖書創作團隊摩天文傳傾情打造，利用簡明文字與精美圖片的搭配，簡單易學又充滿創意，讓你沉浸在種植盆栽帶來的身心愉悅之中。這本書一定會成為你頻頻翻閱的種植指南，為熱愛生活的你服務，是摩天文傳孜孜不倦的追求。盆栽新手們，何不趕快翻開這本書，開啟玩轉盆栽世界的全新旅程？

# 目錄

## 1

### 新手必備　一起體驗盆栽的樂趣

## 2

### 喜歡充足陽光的植物
### 讓綠色裝飾你的窗台

# 3

## 喜歡溫暖濕潤的植物
## 居室角落也不乏綠意

# 4

## 辦公室最容易養的植物
## 工作區的健康小幫手

## DIY 創意盆栽
## 給盆栽增添多種趣味

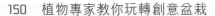

## 盆栽養護小貼士
## 讓盆栽更健康地生長

# 新手必備
# 一起體驗盆栽的樂趣

　　小盆栽，是一個個善良可愛的綠色精靈，養護它們，不僅需要發自內心的喜愛，還需要耐心呵護。

　　學會了種植技巧和工具的使用，一切都會變得輕鬆愉悅起來。盆栽新手充滿樂趣的種植之旅，將從本章開啟。

# 種植專家教你挑選和養護盆栽

種植課堂

飛鳥，盆栽種植專家，他熱愛種植並在上海朱家角擁有自己的花園，也是淘寶皇冠店「飛鳥的花園」的店主。親自栽種和養護這些盆栽，讓他收穫許多經驗和樂趣。現在，他將自己的經驗分享給大家，讓我們一起來打造屬自己的健康盆栽。

##  瞭解植物對環境的要求

種植植物最關鍵的四大要素：溫度、濕度、光照、通風。如果你選擇的植物對這四大要素要求苛刻，那麼不建議種植新手購買。一些根系複雜以及種植程序複雜的盆栽苗株也應儘量避免選擇，新手先從簡單方便種植的品種開始慢慢累積種植經驗，再挑選一些種植難度相對較高的品種，這樣才是最科學合適的。

##  看苗株的外觀狀態

挑選苗株時，看外觀是最直接、方便的方式。不要一味地追求苗株的高大，而是要看植物的葉子以及株型。葉子碧綠油亮、株型壯實飽滿的苗株是最好的選擇。如果是開花植物的話，千萬不要被鬱鬱蔥蔥、花果累累的假像所迷惑，而是要選擇一些花朵剛開以及花苞繁密的盆栽，這樣觀花的時間會更長。

##  看苗株的根系損傷度

如果實在沒有經驗，那也要多看看盆土。市場上的苗木通常有兩種，一種是帶土球的，一種是露根不帶土球的。帶土球的多為常綠花卉，一般來說，帶土球的苗木質量穩定，根系損傷輕，有利於成活，應儘量選購這類苗木。最好在芽剛萌動時購買，這時的成活率高。需要注意的是，市場上有些苗木的土球是花農偽造的，可以提起苗木輕輕抖動來檢查，如果土球輕易全部脫落，就是偽造的土球，這類花卉堅決不要購買。

## 認識盆栽的生長習性

植物的種類數不勝數，習性也各不相同。忙碌的都市族想要種好一棵植物，首要的準備就是了解該植物的生長習性，對這盆植物有所瞭解後，你的種植過程就可以達到事半功倍的效果。

 ## 最適合植物生長的土壤

土壤也是養護好植物最重要的基準之一。如果你是一個種植新手，建議選用泥炭土混合一定比例的珍珠岩來作為盆栽種植介質，因為泥炭土透水透氣性比較好，適合植物根系的生長。

 ## 澆水方式要正確

盆栽植物的澆水原則，一般要做到土乾澆水，澆水的時候要澆透。澆透的標準就是水從盆底的孔裏流出來。不要用噴壺噴灑，用噴壺噴灑會造成土壤表面是濕的，而根系真正吸收水分的土壤深部是乾的。根系吸收不到水分，植物就會乾枯。

 ## 選擇緩釋肥作為肥料

每種盆栽的土壤肥料都有限，想要盆栽茁壯成長，施肥是必不可少的過程。然而新手不知輕重地施肥，經常會讓植物的根系「燒壞」，或是量小達不到施肥的效果。其實可以選擇通用緩釋肥，它的營養比較全面，肥效可以持續 3~4 個月。在施肥期間肥效會慢慢釋放，這樣即使你是種花新手，也不會因為施肥不當而造成對植物的重大損傷。

# 養好盆栽的必備工具和產品

想要養好盆栽，一些必備工具和產品是十分重要的，它們不僅能幫你省時省力，還能讓植物小苗更好地成長。

 **盆栽養殖必備工具**

### 花盆

花盆是家庭盆栽中必不可少的容器，是所有植物的家。它的大小和材質對植物的生長影響很大。花盆種類繁多，其中以紫砂盆為上等養花的容器。

### 澆水壺

每個盆栽都需要澆水，澆水壺就成了必不可少的工具，它有着均勻的小孔，能夠在短時間內均勻地給予植物水分，使用起來十分便捷。

### 園藝剪刀

為了美麗，人們的頭髮需要修剪，盆栽也不例外。園藝剪刀可以修剪掉盆栽多餘的枝椏和枯黃的葉子以及腐朽的根系，保證盆栽的美觀形態和健康。

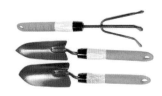

### 手套

種植的過程中經常需要擺弄土壤，修剪盆栽的同時也會碰到帶刺的植物，戴上手套不僅可以避免弄髒手，還能防止手指被植物尖銳的刺劃破。

### 園藝鏟子

盆栽的種植、換土、鬆土、倒盆等工序均離不開鏟子等小工具的幫助。一般家庭可以使用套裝以及換頭的園藝鏟子，每種形狀有它各自的用處。

**盆栽養殖必備產品**

**濃縮營養液**

水培植物的根系發達，新陳代謝比較快，吸收水中微量元素的同時排出微量無機廢物，所以需要補充大量養分以及經常換水，而濃縮營養液既可以保證水中養分持續地供給，也能夠為植物提供充足的養料，讓你不必頻繁換水。

**珍珠花泥**

珍珠花泥泡水後會變大，多用於養殖一些水培盆栽。它們吸水性極強，又能夠為植物儲存養分以及微量元素，七彩斑斕的它們也是裝點水培植物根部的重要裝飾品。

**緩釋肥**

緩釋肥不同於一般的肥料。傳統肥料多會燒根，而緩釋肥能夠保證養分供給穩定，適時且連續提供植物需要的養分，安全而有效，不會傷害植物。

**營養土**

為了方便養殖，現在花市上都會提供已經配好的袋裝土，只要根據你的種植需求以及盆栽種類，就能買到最適合的營養土，省去自己配土的環節，十分方便。

**殺菌農藥**

有些盆栽容易長蟲和滋生細菌，這些細菌以及蟲害不僅會影響盆栽的健康，甚至會傳染到其他植物身上，故家中宜常備一瓶殺菌農藥。

# 關於盆栽的用土

除了溫度、濕度以及光照外，土壤也是影響植物茁壯成長的介質之一。除了選好健康苗株外，土壤搭配得當也是種植盆栽前最重要的準備步驟。

 基本的培育土

| 土種 | 土壤特點 |
| --- | --- |
| 園土 | 最普通的栽培土，因經常施肥耕作，肥力較高，富含腐殖質，糰粒結構好，是培養土的主要成分 |
| 腐葉土 | 利用各種植物葉子、雜草等摻入園土，加水和動物糞尿發酵而成，呈酸性，暴曬後使用 |
| 山泥 | 是一種由樹葉腐爛而成的天然腐殖質土。特點是疏鬆透氣，呈酸性，適合種植蘭花、梔子、杜鵑、山荷等喜酸性土壤的花卉 |
| 河沙 | 可選用一般粗沙，是培養土的基礎材料。摻入一定比例的河沙有利於土壤通氣排水 |
| 泥炭土 | 含豐富的有機質，適用於栽植耐酸性植物。泥炭本身有防腐作用，不易產生黴菌，且含有胡敏酸，能刺激插條生根，可混合或單獨使用 |
| 骨粉 | 動物骨磨碎發酵而成，含大量磷元素，但在配土時不能混入太多，要按照加入量不超過 1% 的標準執行 |
| 草本灰 | 是稻穀等作物秸稈燃燒後的灰，富含鉀元素。加入培養土中，可使其排水良好，疏鬆透氣 |
| 木屑 | 將發酵後的木屑摻入培養土中，能改變土壤的鬆散度和吸水性，有利於植物根部的生長 |
| 苔蘚 | 不同於盆栽種的苔蘚，苔蘚曬乾後摻入培養土，可使土壤疏鬆，排水性、透氣性好 |

## 🌿 盆栽用土分層

### ❶ 最底層——陶粒　　　◇顆粒大　◇質量輕　◇可重複利用

陶粒一般用於盆栽墊底，適合於各種類型的盆栽。質量輕、無異味的陶粒可以加強基質通氣和加快滲水速度，防止植物的根部缺氧以及腐爛。此外，它還能保持土壤的肥力適中，能貯藏養分並緩釋給根系。

### ❷ 第二層——輕石　　　◇乾燥　◇多孔　◇質量輕

輕石是一種多孔、輕質的玻璃質酸性火山噴出岩，因孔隙多、質量輕，能浮於水面而得名。輕石在盆栽種植中主要用作透氣保水以及是土壤疏鬆劑，其良好的吸水功能可補充植物所需水分。

### ❸ 培土層——泥炭土　　　◇偏酸性　◇持水性好　◇透氣性強

泥炭土是一種寶貴的自然資源，它質輕、持水、透氣且富含有機質，具有其他材料不可替代的作用，受到廣大種植愛好者的青睞。它作為培土層可以加入珍珠岩、蛭石以及有機肥料等物質，能夠供給植物更多的養料。

### ❹ 隔離層——水苔　　　◇吸水性強　◇持水性好　◇使用方便

水苔是一種十分柔軟且吸水力極強的介質，它可以吸相當於自身重量 15~20 倍的水，也具有保水時間較長但又透氣的特點。它可以局部運用，可放在基質的上部保濕，也可放在盆底，防止細顆粒基質流失，提高基質的保濕性能，增強盆底的透氣性。

### ❺ 鋪面層——植金石　　　◇質量輕　◇排水好　◇能保濕

植金石色澤蠟黃、結構堅實，也屬火山石的一種。它能夠釋放大量的氣體、熱量，排水性以及保濕性能都很好，用於鋪面層還能觀察植物是否已經缺水。

# 忙碌都市族種植盆栽的三大好處

忙碌都市族每天長時間工作，在電腦前面辦公的時間幾乎佔每天時間的1/3，長期下來不僅會造成眼睛疲勞，也會讓人面色黯淡下來，而種植盆栽植物就可以很好地改善這一現象。

## 1. 頗有樂趣的空氣淨化器

植物葉片表面的許多氣孔可以吸收二氧化碳，釋放氧氣，使室內空氣清新，冬日增加濕度，夏日降低溫度，還能有效地阻隔、弱化、過濾強光、噪聲、粉塵及有害氣體對人體的侵害。將它們打扮起來，放在辦公室或者家裏，不僅美觀還能淨化空氣，比市面上賣的電動空氣淨化器更有樂趣和觀賞性。

## 2. 天然加濕器

對於經常呆在辦公室裏的人來説，夏季的空調、冬季的暖氣必不可少，於是空調和暖氣帶來的健康隱患也隨之而來。植物每時每刻向室內蒸發 100 % 的純淨水，在辦公室裏種養一些盆栽，有利於消除健康隱患，為乾燥的辦公環境增添清新的氧氣以及零污染的水分。比起人工加濕器蒸發出來的水分來得自然，來得清新。

## 3. 眼部保養器

由於長時間、近距離注視電腦畫面，精神高度集中，上班族經常會出現眼睛疲勞、視力下降，胳膊或肩膀酸痛等現象。緩解眼部疲勞、放鬆心情、減輕壓力是在室內養植盆栽植物最重要的作用。通過觀賞生機勃勃的綠色植物，能使人的身心得到充分的放鬆和調節，對於平時工作壓力較大的上班族最為適合。

# 選給忙碌都市族的植物

 ## 釋放氧氣的小可愛——仙人球

【定位】適合放置於辦公桌以及電腦房

仙人球的呼吸孔在夜間打開，在吸收二氧化碳的同時能大量地釋放出氧氣。在家裏或辦公室的電器旁擺放仙人球，可使室內空氣中的負離子濃度適當增加。

## 淨化空氣的小能手——黃金葛（又名綠蘿）

【定位】適合放置於窗台以及陽台

黃金葛生長於熱帶地區，常攀援生長在雨林的岩石和樹幹上，可長成巨大的藤本植物。黃金葛就相當於一台空氣淨化器，能有效吸收空氣中的甲醛、苯和三氯乙烯等有害氣體。黃金葛不但生命力頑強，也非常好養護，是忙碌都市族的不二之選。

 ## 室內甲醛吸收機——吊蘭

【定位】適合放置於朝陽的窗台以及較高的桌子上

吊蘭是最為傳統的居室垂掛植物之一，也是良好的室內空氣淨化花卉。吊蘭具有極強的吸收有毒氣體的功能，一般在房間養 1~2 盆吊蘭，空氣中的有毒氣體即可大大減少。擺放吊蘭時要在其周圍留些空間，以保持較好的通透性和明亮度，不要讓吊蘭葉碰觸到其他物體，否則容易引起葉尖枯焦。

 ## 極易養活的水培植物——銅錢草

【定位】走廊以及洗手盆等遮陰處

銅錢草生長性強，非常容易種植，水陸兩棲皆可。喜好溫暖潮濕環境的它，十分適合在室內栽培；白天銅錢草可以進行光合作用，釋放氧氣，對空氣的淨化也有一定的貢獻。工作忙碌的你不需要常常照看它，只需保證水分充足即可。

# 多肉植物組合的種植教程

　　肉質飽滿、形象可愛的多肉是近年來植物愛好者的新寵，它們不僅耐旱、生命力強，不同品種的多肉搭配在一起，還可以呈現出很多意想不到的漂亮效果。

不同的容器種植多肉會有不同風情，木質容器能夠讓多肉更貼近自然，淳樸而不失精緻之感。

## 多肉植物拼盆種植步驟

**1** 準備好要拼盆的多肉以及其他工具。

**2** 清理好多肉根部，並將腐化的葉子摘除。

**3** 在容器裏放入專門種植多肉的營養土。

**4** 用鑷子將多肉的根系埋好並且固定在土壤中。

**5** 再用手稍微按壓一下泥土，讓多肉種植穩固。

**6** 按照相同的方式，將其餘的多肉依次種下。

**7** 用小鏟子裝少許輕石，鋪於泥土之上。

**8** 最後把周圍的塵土以及葉子上的灰塵都擦乾淨即可。

# 輕鬆打造創意微景觀

隨處可見的苔蘚是打造微景觀的主角，搭配好你最愛的樹脂玩偶以及植物，就能輕鬆打造你的童話世界。

> 玻璃器皿是最好的苔蘚盆栽種植器皿，通透的特質能夠讓微景觀完全呈現，不僅利於苔蘚生長，也非常漂亮美觀。

## 創意微景觀的製作步驟

**1** 將打理好根部的上層植物垂直放入容器中。

**2** 借助小鏟子把底層基質放入容器底部。

**3** 用雙手調整一下底層基質的傾斜度。

**4** 放入浸濕的水苔，並用手壓實它們。

**5** 在上層植物下方種入中層植物，根部塞進水苔裏。

**6** 再用小鏟子在水苔層上方加入苔蘚專用培土。

**7** 修整好苔蘚形狀後，用鑷子將苔蘚鋪放好。

**8** 在空白的泥土上方鋪放鋪面基質，讓盆栽更美觀。

# 花卉盆栽的種植教程

花卉盆栽也是家中必不可少的小可愛。你是否還在為買回它們的株苗卻不知怎麼種植而發愁？不必擔心，其實只需簡單幾步就能安置好這些脆弱的花苗。

藤蔓花卉盆栽比一般花卉種植初期要講究得多，不過只要精心呵護，它就能爬滿你的花園，成為一道獨特的風景線。

## 藤蔓花卉盆栽種植步驟

**1** 將花盆、陶粒、種植土、緩釋肥、攀爬支架以及花苗準備好。

**2** 將陶粒鋪在盆底，陶粒的排水層有助於防止盆土積水，讓植物長得更好。

**3** 在陶粒上面鋪上種植土，到花盆合適的高度即可。

**4** 把花苗從育苗盆小心地取出，防止根系受傷。

**5** 把花苗放置在花盆中央，然後用種植土填至花盆 90% 左右的高度。稍微壓實一下盆土。

**6** 在土面上撒上緩釋肥，然後用小鐵鏟輕輕把緩釋肥和土壤稍微混合一下。

**7** 把支架插在花盆中，將花苗的枝條用綁繩固定在支架上，最後澆透水。

# 造氧植物清除室內裝修空氣污染

　　植物雖小，作用可不容小覷。以下這些植物可以作為天然的空氣淨化器，吸收室內裝修的空氣污染物，為我們創造更好的家居環境。

### 吊蘭

吊蘭有「綠色淨化器」的美稱，其具有吸收甲醛的超強能力，可吸收室內 80% 以上的有害氣體。一般在房間裏種植 1~2 盆吊蘭，空氣中的有害氣體即可被吸收殆盡。

### 常春藤

常春藤擁有強效去除甲醛的功能，對存在於地毯、絕緣材料、膠合板中的甲醛，以及隱藏在壁紙中的對腎臟有害的二甲苯都有很強的吸收能力。

### 黃金葛

黃金葛能吸收空氣中的甲醛、苯和氨氣等有毒物質，對於剛裝修好的新房和新鋪設地板的房屋，應該保持通風，並擺放幾盆黃金葛，一段時間後，基本就可以達到入住的標準了。

### 波士頓蕨

波士頓蕨適宜在室內種植，是觀賞及淨化空氣的極佳植物，其每小時能吸收大約 20 微克的甲醛，還能去除二甲苯和甲苯，因此也被譽為「最有效的生物淨化器」。

**蘆薈**

蘆薈是吸附甲醛氣味的好手，將其擺放在臥室或者客廳的桌子上，有利於吸附居室內的有毒氣體物質。蘆薈本身也含有對人體有益的豐富營養物質，是一種營養多效的綠色植物。

**薄荷**

薄荷所釋放的薄荷腦，不僅有清涼芳香的功效，還具有殺菌消毒的作用。將其放在室內，可以中和並去除空氣中的氨氣、苯和甲醛等有毒物質的污染。

**白掌**

白掌在歐洲被譽為「可以過濾室內廢氣的能手」，因為其對於氨氣、丙酮、苯和甲醛的吸收都有一定的作用。然而其外表潔白純淨，又是很好的觀賞植物。

**非洲菊**

非洲菊的細毛對於空氣中的雜質有很好的吸附作用，所以在剛裝修好的家中擺放幾盆非洲菊，可以很好地吸收家裏的雜質及其他有毒物質。

**萬年青**

萬年青是多年生常綠植物，可以有效清除空氣中的尼古丁的污染，還可以吸收甲醛等多種有害氣體，是一種極好的用於改善室內空氣的植物。

**虎尾蘭**

虎尾蘭可以吸收室內部分有害氣體，並具有清除二氧化硫、氯、乙醚、一氧化碳等有害物質的功效，是用來淨化室內空氣的不錯選擇。

# 注意不要將這些植物養在室內

　　並不是每種植物都適宜養在室內，我們不僅要考慮它的外觀，還要瞭解其產生的效果。有些植物披着美麗的外衣，卻對人體暗藏危害，讓我們擦亮雙眼，看清以下這些植物的「本來面貌」。

## 含羞草

含羞草體內含有含羞草鹼，這是一種有毒物質，如果人體與其接觸過多，會引起眉毛稀疏、頭髮脱落等症狀，還會傷害人的皮膚，所以最好不要在室內種植含羞草。

## 夾竹桃

夾竹桃全株有毒，其含有多種強心苷，對人的呼吸系統、消化系統危害極大。夾竹桃的花香能使人昏睡、影響智力。接觸到其分泌的汁液，也容易導致人中毒。

## 滴水觀音

滴水觀音最大的特點是，當土壤裏含有大量水分時，它的葉尖或葉子邊緣會向下滴水。但是它莖內的白色汁液有毒，所以滴下的水也有毒，會導致人體咽部與口部的不適。

## 一品紅

一品紅雖然外表鮮艷，但是並不適宜擺放在家中觀賞，因為它會釋放對人體有害的有毒物質，其分泌的汁液接觸到人體皮膚，會使之產生過敏症狀，輕則紅腫，重則潰爛。

## 夜來香

夜來香在晚上會散發出大量刺激嗅覺的微粒，聞太多太久會使高血壓和心臟病患者感到頭暈目眩、鬱悶不適，甚至加重其病情。

## 仙人掌

仙人掌帶有尖刺，若是家裏有兒童或老人，在室內種植仙人掌容易對這兩類人群造成傷害。為了安全起見，兒童房內的植物不要太高大，要選擇穩定性強的花盆架。

## 龜背竹

龜背竹是有毒的植物，其汁液有刺激和腐蝕的作用，皮膚接觸後會引起疼痛和灼傷。所以如果接觸了龜背竹的汁液，千萬不可揉入眼中及傷口中。

## 松柏

松柏類花木的芳香氣味對人體的腸胃有刺激的作用，會影響人的食欲。特別是對於孕婦的影響更大，會導致其心煩意亂、噁心嘔吐、頭暈目眩。

### 洋繡球花

洋繡球花會散發出一些微粒，如果種植在家中，會增大微粒與人體接觸的幾率，並導致人體皮膚過敏，引起瘙癢等症狀。

---

### 百合花

百合花潔白而芳香，它的陣陣香氣醉人心脾，但是如果種植在室內，特別是放在臥室內，它的香味會使人的中樞神經過度興奮，從而引起失眠，影響睡眠質量。

---

### 五色梅（又名馬纓丹）

五色梅外表艷麗，但是其含有毒性，若人誤食會導致頭暈、噁心、嘔吐等不良反應。所以家裏有小孩或是寵物的話，儘量不要種植五色梅。

---

### 月季花

月季花會散發出濃郁的香味，不適應其花香的人，會產生胸口發悶、呼吸困難的症狀。若將其放在臥室裏，會對睡眠造成影響。

# 喜歡充足陽光的植物
## 讓綠色裝飾你的窗台

　　陽光普照大地，喜歡充足陽光的植物們展開「雙臂」迎接太陽，它們在陽光的照射下，穿上更艷麗的外衣，搖曳更優雅的姿態。此時此刻，窗台已經成為它們充滿歡樂的遊樂場，當綠意爬滿窗台，其中帶着的快樂，更會逐漸蔓延至你的心中。

易活度：
★★★★★
容易栽種

★★★★
小心護養，存活機會高

★★★
挑戰性高，要熟讀書內資料

# 星美人 ——珠圓玉潤的窗台萌物——

　　珠圓玉潤的星美人，肥肥的、厚厚的、萌萌的，它靜默在窗台，細數一片片碎落的陽光，安靜又活潑，充滿正能量，總能讓看見它的人一掃心中陰霾。

## 養護小秘訣

 ### 小盆栽 大健康

星美人可以通過光合作用，吸收空氣中的二氧化碳，釋放氧氣。在窗台擺上這個綠色小物，經常看看它，還可以緩解眼睛的疲勞。星美人經常被製作成小盆栽，用在盆面點綴山石等物件，提高盆栽觀賞性。

 ### 光照

星美人喜歡溫暖、乾燥和光照充足的環境，耐旱性強。夏季要加強通風，注意遮蔭，避免陽光直射，保持較為陰涼的環境。冬季要放在室內，室溫一般不低於 10℃。

 ### 澆水

生長季節適量澆水，夏季濕熱的條件下要控制澆水。冬季要減少澆水，保持盆土稍乾燥。避免凍傷根部。

 ### 土壤及施肥

選擇疏鬆、排水良好的沙壤土作為培養土。生長旺盛的時期，可以每 20~30 天施 1 次腐熟的稀薄氮肥或者複合肥。

 **TIPS**

### 讓星美人顯示它的裝飾才能

星美人株型、葉型奇特，生長緩慢，容易保持姿態，整個植株猶如一款優美的工藝品，色彩淡雅，點綴廳台、書桌均很適宜，是室內盆栽佳品。

## 植物小檔案

星美人別名厚葉草，在世界各地廣泛栽培。星美人有短莖，葉疏散排列為近似蓮座的形態，葉肉質，很厚，長圓形，先端圓，葉面有霜粉，有時帶淡紫紅色暈。花紅色，五瓣平展。多年生多漿肉質草本植物。

易活度
★★★★

生長溫度
15～28℃

適宜擺放
陽台、窗台

# 吉娃蓮 ——絕塵艷艷的花中精靈——

肉肉的吉娃蓮是多肉界的精靈公主，調皮、任性卻讓人永遠也無法討厭起來。把它放在房間、辦公室或者客廳裏，就像給漆黑的天空點亮了一顆璀璨的星星，明亮而美麗。

## 養護小秘訣

 ### 小盆栽 大健康

吉娃蓮葉形、葉色較美，有很高的觀賞價值，可放置於電視、電腦旁，不僅能裝飾，還能有效吸收空氣中的二氧化碳，釋放氧氣。

 ### 光照

吉娃蓮喜歡陽光充足、溫暖乾燥的環境。春、秋季是吉娃蓮的主要生長期，需要充足的光照，如果種在室內應該經常搬到室外曬太陽，而夏天時一定要避免烈日的曝曬，最好放在通風良好處養護。

 ### 澆水

澆水要掌握「不乾不澆，澆則澆透」的原則，避免盆土積水。空氣乾燥時可向植株周圍灑水，但葉面特別是葉叢中心不宜積水，否則會造成爛心。尤其要注意避免長期雨淋。

 ### 土壤及施肥

生長季節每 20 天左右施一次腐熟的稀薄液肥或低氮高磷鉀的複合肥，施肥時不要將肥水濺到葉片上。施肥一般在天氣晴朗的早上或傍晚進行，當天的傍晚或第二天早上澆一次透水，以沖淡土壤中殘留的肥液。

 **TIPS**

**吉娃蓮的栽培小技巧**

對於吉娃蓮來説，栽培並不是太困難，只要按照正常的養護，保證充足的日照，就能保證葉片的緊實度。夏天要減少澆水量並適當遮陰。其生長速度較慢，所以不必使用肥水過多的土壤。

**植物小檔案**

吉娃蓮原產於墨西哥奇瓦瓦州，屬景天科擬石蓮花屬，植株小型，無莖的蓮座葉盤非常緊湊。卵形葉較厚，帶小尖，藍綠色被濃厚的白粉，葉緣為美麗的深粉紅色。花序先端彎曲，鐘狀，紅色。葉緣的紅色特別美麗，是一種觀賞性很強的多肉植物。

🌱 易活度
★★★★

☀ 生長溫度
15～30℃

🏠 適宜擺放
陽台、窗台

# 女雛 ——楚楚動人的小蘿莉——

女雛，只是聽聞其名就讓人充滿了憐愛感，它嬌嫩的葉瓣呈蓮花狀緊密排列，一如其名給人楚楚動人的感覺，似乎就是個輕盈、柔弱易推倒的小蘿莉，讓人心疼，恨不能時時呵護在手心。

## 養護小秘訣

 ### 小盆栽 大健康

女雛也是淨化空氣的小能手。可不要小瞧它迷你嬌小的體型，當外表逐漸被粉色調點綴時，它更加惹人喜愛，是小型組合盆栽的新寵。

 ### 光照

女雛需要接受充足日照，葉色才會艷麗，株型才會更緊實美觀。日照太少則葉色淺，葉片排列鬆散。女雛是微型品種，不會太大，多年群生後，植株會非常壯觀。

 ### 澆水

培養女雛一定要謹記乾燥後才澆水，整個夏季的休眠期要少水或不給水，到了9月中旬溫度降下來了，就開始恢復澆水。冬季如果溫度能夠保持0℃以上，都是可以給水的，0℃以下就要斷水，否則容易凍傷。

 ### 土壤及施肥

土壤用泥炭混合了顆粒的煤渣河沙等，土表鋪設乾淨的顆粒河沙，配土以透氣為主。不用經常施肥，一個季度施一次薄肥即可。

 **TIPS**

### 種植女雛要注意這些

用阿維菌素可以起到預防女雛生蟲的效果，一年使用兩次即可。其實女雛很好培育，平時養護只需要考慮儘量避免一些環境突變，如露養、下雨、曝曬等情況。

### 植物小檔案

女雛屬景天科擬石蓮花屬，它是石蓮花屬中對日照要求較低的一種。一年中，女雛大部分的時間都是淡綠色的，只有在日照充足、晝夜溫差大的春、秋季，葉尖會呈現綺麗的粉紅色，若放置在乾燥的地方，它的顏色會更加鮮艷美麗。

易活度
★★★★

生長溫度
15～28℃

適宜擺放
陽台、窗台

# 小木槿 ——花期不斷的養眼小綠植——

小木槿的美不是那種張揚而帶有掠奪性的佔有，它只是靜靜的，自開自落。如果你也有這般閒適淡然的心，就一定會愛上它的花語——溫柔的堅持。

## 養護小秘訣

 ### 小盆栽 大健康

紅花綠葉的完美搭配，讓擺放在家中的小木槿成為一道亮麗的風景線。它還能清除空氣中飛舞的粉塵，改善空氣質量，使得這道風景對你更為重要了。

 ### 光照

喜愛光照，最好保持每天 6 小時以上的光照，充足的光照可促使植物生長更為健壯，過於蔭蔽的話，易使其節間變長且開花減少。如室內養護，應放在陽台、窗台等光線明亮的地方。

 ### 澆水

應保持土壤濕潤，表面乾後即可補水，冬季可適當控水，微潤即可。澆水時，水溫應與土溫一致，以防溫差過大對根系造成傷害。水以中性或微酸性為佳，自來水最好用缸或桶放置 1~2 天後再用，如礦物質較多的水易出現鹽離子積累，造成土壤酸化，影響植株生長。

 ### 土壤及施肥

栽培基質宜選擇通透性、排水性良好的土壤，一般市售的營養土均可，也可用山泥（腐葉土）加少量河沙及有機肥配製成營養土，忌用黏質土壤。幼株時以平衡肥為主，或稍偏氮肥。冬季進入休眠期，停止施肥。如有條件，可施一些充分腐熟的有機肥，效果更佳。

 **TIPS**

### 小木槿的修剪

植株養護 1~2 年後，生長變差，開花減少，這時可進行輕剪或重剪，輕剪可剪掉枝條的 1/3，重剪可將離地 10 厘米以上的枝條全部剪除，可促進植株更新復壯。小木槿耐修剪，可剪成圓球、綠籬或其他形狀，以增加觀賞性。

## 植物小檔案

小木槿，原產於南非的山坡或丘陵地帶，為錦葵科多年生半灌木。莖具分枝，綠色、淡紫色或褐色。葉互生，三角狀卵形。葉三裂，裂片三角形，具不規則齒。初生長時很像草本，隨之日漸成熟，枝條也轉為木質化。

易活度
★★★

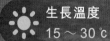
生長溫度
15 ～ 30 ℃

適宜擺放
客廳、窗台

# 康乃馨 —— 美好而有親和力的典範 ——

王安石曾讚其「春歸幽谷始成叢，地面紛敷淺淺紅」。康乃馨歷來為尋常百姓家喜愛的欣賞名花，豐富的色彩和親民的價格使它成為最暢銷的花束之一。

## 養護小秘訣

 ### 小盆栽 大健康

康乃馨美麗的外表使之成為裝飾居家的好選擇，放置在客廳中，淡淡的幽香讓人仿佛置身自然之中，身心得以放鬆。康乃馨曬乾之後更具養生價值，其具有滋陰補腎、調養氣血、潤膚烏髮等功效。

 ### 光照

康乃馨對光照要求非常高。日照累積的時間越長，越能促進其花芽分化，進而提早開花、提高開花的整齊度和切花產量。借助輔助光照不僅能促進植株節間伸長，抑制側枝生長，而且能增加花冠的直徑和花色的鮮艷度。

 ### 澆水

康乃馨耐寒又耐旱。多雨過濕地區，土壤易板結，根系會因通風不良而發育不正常，所以雨季要注意鬆土排水。除生長開花旺季要及時澆水外，平時可少澆水，維持土壤濕潤即可。

 ### 土壤及施肥

宜栽植在富含腐殖質、排水良好的石灰質土壤裏。康乃馨喜肥，在栽植前施以足量的烘肥及骨粉，生長期內還要不斷追施液肥，一般每隔 10 天左右施 1 次腐熟的稀薄肥水，採花後施 1 次追肥。

 **TIPS**

### 如何讓康乃馨花繁色艷

康乃馨在孕蕾時，每一根側枝只留頂端一個花蕾，頂部以下葉腋萌發的小花蕾和側枝要及時全部摘除。第一次開花後及時剪去花梗，每枝只留基部兩個芽。經過這樣反復摘心，能使株型優美，花繁色艷。

### 植物小檔案

康乃馨，為石竹科石竹屬的植物，通常開重瓣花，花色多樣且鮮艷，氣味芳香。原產於地中海地區，是目前世界上應用最普遍的花卉之一。1907 年起，開始以粉紅色康乃馨作為母親節的象徵，故今常被作為獻給母親的花。

易活度
★★★

生長溫度
15～30℃

適宜擺放
客廳、書房

# 藍雪花 ——冷淡而憂鬱的靜默之美——

顏色清新淡雅的藍雪花花朵十分嬌羞，正因為它冷靜的淡藍色調，讓這種嬌嫩的花朵有一種憂鬱的靜默之美。

## 養護小秘訣

###  小盆栽 大健康

花色淡雅的藍雪花，在炎熱夏日可給居室帶來清涼感覺。它還具有清除室內空氣中的粉塵、改善空氣質量的能力，從實際意義上給居室帶來更清新的環境。

###  光照

藍雪花喜歡光照，但發芽階段不需要光，發芽後及時補光可有效縮短種植週期。生長適宜溫度為 17~26℃，最高可耐 35℃。強光照和較高溫度利於分枝。

###  澆水

育苗期間保持介質潮濕，避免幼苗萎蔫。藍雪花喜濕潤環境，乾燥對其生長不利，中等耐旱，土壤表面乾燥後，要一次性澆透水。

###  土壤及施肥

藍雪花喜肥，每週至少施用 1 次 200~300ppm 濃度的全元素複合肥。栽培時選擇排水性良好的沙壤土。

**藍雪花的觀賞價值**

藍雪花長勢強健，較耐高溫高濕，病蟲害少，管理簡單，觀賞期長。葉色翠綠，花色淡雅，炎熱的夏季給人以清涼感覺，可點綴居室、陽台。

## 植物小檔案

藍雪花又名藍花丹、藍花磯松，白花丹科半灌木植物。中國特產。枝具棱槽，幼時直立，長成後蔓性，夏天的時候會開淺藍色的花朵。

**易活度**
★★★

**生長溫度**
17 ～ 26 ℃

**適宜擺放**
客廳、窗台

# 六月雪 —— 美觀秀麗的書台盆景 ——

六月雪，美麗而悲壯的名字，質美而有氣節，所以經常作為室內盆栽供觀賞。那盤曲嶙峋的枝幹，那嬌小粉白的花骨朵，反差強烈卻和諧同根，讓人擊掌嘆服。

## 養護小秘訣

 ### 小盆栽 大健康

六月雪置於室內，顯得非常美觀雅致，是室內美化點綴的佳品，還能放鬆眼睛，緩解視覺疲勞。六月雪還可以入藥，作為瑤藥具有健脾利濕、舒肝活血的功效。

 ### 光照

生長期宜放在陽光充足、溫暖濕潤、通風良好的地方養護。夏季初秋應遮陽50~70%，忌暴曬，冬季在南方可室外越冬，在北方應移入室內，保持室溫5~12℃為好。

 ### 澆水

生長季節應該經常澆水，不宜長時間過乾或過濕。夏季每天往葉面噴水1~2次；冬季減少澆水次數，保持盆土濕潤稍微偏乾即可。

 ### 土壤及施肥

盆土要求為富含有機質、疏鬆肥沃、排水透氣性能良好的沙壤土。每年4~5月澆施2~3次濃度為0.5%的磷鉀肥液，在臘冬追施1~2次稀薄的有機肥液，其他季節不宜施肥。

 **TIPS**

**如何防止六月雪遭遇病蟲害**

六月雪盆景的病蟲害較少，偶有蚜蟲和蝸牛。蚜蟲可用風油精稀釋500~600倍液噴殺；蝸牛可用58%風雷激乳油稀釋1500倍液噴殺。

**植物小檔案**

六月雪原產於中國江南各省，從江蘇到廣東都有野生分佈。屬茜草科，常綠小灌木，枝條纖細，成株分枝濃密，花小而密，樹型美觀秀麗，適於盆栽或作盆景。花白色，漏斗形，花期夏季，盛開時如同雪花散落，故名「六月雪」。

易活度
★★★★

生長溫度
13～28℃

適宜擺放
客廳、書房

# 小米菊 —— 獨佔一隅的森女風格 ——

如果用小米菊來比喻一種女生,那麼一定是森林女孩。自然、不矯飾,坦然面對內心的柔弱和傷懷,不刻意卻自成一派的風格,與小米菊或濃郁或淺淡,唯獨不妖冶的氣質不謀而合。

## 養護小秘訣

### 小盆栽 大健康

小米菊不但能美化環境,使人賞心悅目,更具有淨化空氣的功能。其不畏煙塵污染,對於一些有害氣體有不同程度的吸收和淨化能力,對人體健康大有益處。

### 光照

小米菊喜陽光,適合種植於通風良好、光照足的地方。但在酷熱的夏季,如果陽光太強就應該給小米菊遮蔭,遮蔭的程度為 5% 以下,否則會影響植株的光合作用,對其生長發育不利。光照強弱不僅影響小米菊的生長發育,還會使小米菊的花期推遲或提前,使花期縮短、變色等。

### 澆水

澆水最好用噴水壺緩緩噴灑,不可用猛水沖澆。澆水除要根據季節決定用量和次數外,還要根據天氣而變化。陰雨天要少澆或不澆;氣溫高、蒸發量大時要多澆,反之則要少澆。一般在看見盆土變乾時再澆水,避免花盆積水,否則會造成爛根、葉枯黃,引起植株死亡。

### 土壤及施肥

宜選用肥沃的沙壤土,先小盆後大盆,經 2~3 次換盆,7 月可定盆。定盆可選用 6 份腐葉土、3 份沙土和 1 份餅肥渣配製成混合土壤。澆透水後放於陰涼處,待植株生長正常後移至向陽處。在小米菊植株定植時,盆中要施足底肥。以後可隔 10 天施 1 次氮肥。

**TIPS**

**當小米菊遇到病蟲害**

小米菊清新可人,如果不精心栽培照顧,它也容易遇到病蟲害的騷擾。想要防治病蟲害,首先要對與小米菊的病苗、病土接觸過的園藝工具及時消毒。其次要對種過有病小米菊植株的土壤、花盆進行消毒。最後露地栽培時,要防止澆水飛濺,及時拔除病株燒毀,減少傳播的機會。

**植物小檔案**

小米菊為多年生草本，<u>莖直立</u>，分枝或不分枝，被柔毛。頭狀花多數，頂生，具花梗，呈傘形狀排列，總苞近球形，綠色，舌狀花，白色，筒狀花黃色，多數，具冠毛，果實為瘦果，黑色。花期是夏季與秋季。其分佈廣泛，遍佈中國各地的城鎮與農村。

易活度
★★★★

生長溫度
18～25℃

適宜擺放
書房、窗台

# 角堇 —— 盛開時像笑臉一樣 ——

　　角堇的顏色艷麗，花朵密集，盛開時如同一個花球一樣，無論是家庭裝飾，還是放在會議室、會展活動現場等都是不錯的選擇。

## 養護小秘訣

###  小盆栽 大健康

角堇外形靚麗，是流行的觀賞植物。放置於家中，除了讓人賞心悅目之外，還能適當清除室內的灰塵、粉塵，改善室內的空氣質量。

###  光照

角堇耐寒，喜日光充足、通風涼爽的環境，如果日光不充足，會影響開花的效果，所以應儘量把角堇放在日照充足的地方養護。

###  澆水

不要等到泥土乾透後再澆水，表皮土有點乾就可以澆水了。要注意的是，角堇剛發芽時最好用吸管滴水，因為用噴壺澆水不小心就容易造成倒苗。

###  土壤及施肥

栽培宜選用肥沃、排水良好、富含有機質的土壤或沙質土壤。生長期每月施肥 1 次，開花後停止施肥。在生長期要注意防治炭疽病、灰黴病及蚜蟲、紅蜘蛛等。

**TIPS**

**角堇是佈置花壇的優良材料**

角堇開花早、花期長、色彩豐富，是佈置早春花壇的優良材料，也可用於大面積地栽而形成獨特的園林景觀，家庭常用作盆栽觀賞。

### 植物小檔案

角菫屬菫菜科菫菜屬，又名香菫菜、小花貓。原產於歐洲的一年生草本。同屬品種約有 500 種，園藝品種較多，花有菫紫色、大紅、橘紅、明黃及複色，近圓形。花期因栽培時間而異。角菫與三色菫花形相似，但花徑較小，花朵繁密。

易活度
★ ★ ★

生長溫度
15 ～ 20 ℃

適宜擺放
客廳、窗台

# 愛之蔓（又名串串心）——萬條垂下綠絲條——

是誰的巧手如同剪刀，不辭辛苦將愛之蔓累串的藤蔓裁剪成心形的葉片，萬條千條垂擺在窗櫺邊上，賦予了這人間的 2 平方米詩情畫意？

## 養護小秘訣

### 小盆栽 大健康

愛之蔓作為小盆栽，可以放置在電視旁、書架上、臥室裏等各種角落，它能吸收室內的甲醛等有害物質，淨化室內空氣。其葉形葉色較美，具有一定的觀賞性。

### 光照

種植在散光處養護，避免強光的直射，特別是夏季，強光很容易灼傷葉面，從而影響植株的生長。一年中春、秋、冬三季每天可以見 2 小時左右的晨光，夏季散光就可以了。如果養護環境長期過陰而光線不足，造成節間易徒長，降低了觀賞價值。

### 澆水

每次澆水必須見盆土乾後再澆水，採用掂盆法，感覺花盆輕輕的，就可以澆水。愛之蔓的抗旱性和儲水性很強，如果發覺冬季植株停止生長，表明進入休眠期，可不澆水或少澆水。

### 土壤及施肥

需選擇排水良好的栽培介質，可以採用花市很容易買到的多肉類專用土 7 份、粗沙 2 份、珍珠岩 1 份，這樣的栽培介質含有一定量的養分，能夠保證有良好的透水和透氣性。愛之蔓不需太多肥料，一年施複合肥 3~4 次，換盆時看花盆大小適當添加一些底肥，兩年換盆 1 次。

**TIPS**

**選擇陶盆種植愛之蔓的理由**

建議使用陶盆來種植愛之蔓，因為陶盆有一定的透氣性，而泥盆會使水分流失過快。相較於陶盆，塑料盆則保水能力過強、透氣性差。

易活度
★★★★

生長溫度
15 ～ 25 ℃

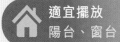
適宜擺放
陽台、窗台

### 植物小檔案

愛之蔓原產在南非及津巴布韋，現世界多地可栽培，具有蔓性，可匍匐於地面或懸垂。葉心形，葉面上有灰色網狀花紋，葉背呈紫紅色；葉腋處會長出圓形塊莖，稱「零餘子」，有貯存養分、水分及繁殖的功用。春、夏季節，成株會開出紅褐色、壺狀的花，花後結出羊角狀的果實。

# 玉露 ——晶瑩剔透的多肉寶玉——

說起玉露，很容易讓人聯想到秦觀的名句「金風玉露一相逢，便勝卻人間無數」。當然，此玉露非彼玉露。但那晶瑩剔透的葉片，如同玉石雕刻而成，奇特美麗，清新典雅，卻也「勝卻人間無數」。

## 養護小秘訣

### 小盆栽 大健康

玉露晶瑩剔透的外形，奇特而美麗，十分惹人喜愛。玉露除了可以美化環境，還能淨化空氣，吸收空氣中的甲醛等有害物質，讓人對這個大自然的神奇之物更是不得不愛。

### 光照

對光照較為敏感，若光照過強，葉片生長不良，呈淺紅褐色。而栽培場所過於陰蔽，又會造成株型鬆散，不緊湊，葉片瘦長。而在半陰處生長的植株，葉片肥厚飽滿，透明度高。因此，5~9 月可加一層遮陽網，10 月至翌年 4 月要去掉遮陽網，給予全光照。

### 澆水

空氣乾燥時可經常向植株及周圍環境噴水，在生長季節可用剪去上半部的透明無色飲料瓶將植株罩起來養護，使其在空氣濕潤的小環境中生長，可使葉片飽滿，透明度更高。但夏季高溫季節一定要把飲料瓶去掉，以免因悶熱潮濕導致植株死亡。

### 土壤及施肥

玉露適宜在疏鬆肥沃、排水透氣性良好、含有石灰質並有較粗顆粒度的沙壤土中生長。常用腐葉土 2 份、粗沙或蛭石 3 份的混合土栽種。在生長期，對於長勢旺盛的植株，可每月施 1 次腐熟的稀薄液肥或低氮高磷鉀的複合肥，新上盆的植株或長勢較弱的植株則不必施肥。

### TIPS

**如何給玉露換盆**

由於玉露的根系會分泌造成土壤酸化的物質，使根部老化中空，因此每年春、秋季節要換盆 1 次。生長期若發現植株生長停滯，葉片乾瘪，很可能是根系損壞，應及時翻盆整理根系。翻盆時將老化中空的根系剪掉，過長的根系剪短，保留粗壯的白色新根，再用新的培養土栽種。

**植物小檔案**

玉露是百合科、十二卷屬多肉植物，也屬多漿植物中的「軟葉系」品種。玉露植株玲瓏小巧，種類豐富，葉色晶瑩剔透，富於變化，如同有生命活力的工藝品，非常可愛，是近年來人氣較旺的小型多肉植物品種之一。

易活度
★★★★

生長溫度
15～28℃

適宜擺放
陽台、窗台

# 四季櫻草 ——美如初戀的室內盆栽——

四季櫻草的花語是初戀，輕輕翠翠的葉片裏藏着一朵又一朵嬌羞而艷麗的花蕾，如同初戀般時的羞澀、局促，又怦然心動。

## 養護小秘訣

 ### 小盆栽 大健康

四季櫻草是供觀賞的名花，外形不容小覷。其置於室內，能清除空氣中的粉塵，吸收甲醛等有害物質。四季櫻草全株還可以入藥，具有清熱解毒的功效。

 ### 光照

宜放在陽光充足、通風透氣的地方，否則會出現莖葉生長虛弱、花色暗淡的現象。花盆要經常轉動，使花姿優美端正。生長期需稍遮蔭，保持較高的空氣濕度及通風。

 ### 澆水

四季櫻草不喜歡大水，可 2~3 天澆水 1 次，並經常向葉片噴水，以保持葉色鮮潤翠綠。生育期要保持盆土處於濕潤狀態，但水分也不能過多，否則容易引發白葉病。

 ### 土壤及施肥

盆栽用土可用腐葉土 3 份、泥炭土 1 份、廄肥土 1 份、沙 1 份配成。每週施 1 次腐熟的有機肥液或化肥液，進入花期後適當增加磷鉀肥的濃度即可。

 **TIPS**

**對四季櫻草過敏怎麼辦**

四季櫻草的葉片含櫻草鹼，有些人易對該物質過敏。一般人在接觸前用酒精擦手，接觸後用肥皂水洗滌可避免出現這種情況。

## 植物小檔案

四季櫻草主要分佈在北半球，在中國主要分佈在西部和西南部，尤其是低緯度、高海拔的潮濕地區，多數種類花大色艷。栽培品種繁多且色彩鮮艷，有白、洋紅、紫紅、藍、淡紅或淡紫等色。 種子細小，成熟後褐色。

易活度
★★★

生長溫度
13～18℃

適宜擺放
書房、窗台

# 歐洲報春 ——活力十足的早春花卉——

　　歐洲報春於萌動的春天萌芽，在東風徐徐、細雨如絲的仲春綻放，象徵着青春的朝氣和活力，收穫一季的美好。

## 養護小秘訣

###  小盆栽 大健康

歐洲報春是國際上十分暢銷的冬季盆花，花繁似錦，嫵媚動人。翠綠的葉子除了襯托花朵之外，還可以通過光合作用吸收室內的二氧化碳，並釋放出氧氣。

###  光照

發芽後，溫度控制在 20℃左右，並保證每天 14 個小時的光照以促進植物生長。冬春季節保持陽光充足，小苗移植或上盆初期需要遮陰。

###  澆水

生長過程要保持盆土濕潤。保持涼爽的氣溫，減少澆水量為理想的方法，高溫和澆淋易導致葉片生長過大。不宜在低溫下澆淋，也要防止高溫、乾燥而產生畸形葉。

###  土壤及施肥

歐洲報春不宜施重肥，要求土壤肥沃，排水良好。為防止葉片徒長，應避免氮肥過高，可採用較高比例的鉀，理想的氮鉀比為 1：3 至 1：2。植株在盆中定植後，施以均衡的氮磷鉀肥。

**TIPS**

**歐洲報春的美艷花**

歐洲報春花期長，又恰逢元旦、春節，其葉綠花艷，可作中小型盆栽，放置於茶几、書桌等處，是很好的室內盆景。入冬後注意保溫，並放在光線充足處，以保證花色鮮艷。

**植物小檔案**

歐洲報春原產於西歐和南歐，為叢生植株，株高約為 20 厘米。葉基生，長橢圓形，葉脈深凹。傘狀花序，有單瓣和重瓣花型，花色鮮艷，花色種類也頗為豐富，常常用於室內佈置色塊或作早春花壇用。

易活度
★★★

生長溫度
15～25℃

適宜擺放
客廳、書房

# 金邊檸檬百里香 —— 法式風情香料 ——

　　金邊檸檬百里香，光是聽這個名字就有一種「高大上」的感覺。它是法式甜點中經常會用到的香料，作為觀賞性的盆栽也同樣受人青睞。

## 養護小秘訣

### 小盆栽 大健康

金邊檸檬百里香不僅是可以觀賞的盆栽，還經常被用於烹飪中，具有祛痰止咳、幫助消化、治療腸胃脹氣、鎮靜等作用。

### 光照

全日照植物，喜愛陽光，所以應儘量將金邊檸檬百里香放置在陽光充足的地方，有利於其成長。注意，剛插完枝應先放置於遮陰但光線明亮的地方，等生根後再放置於陽光下。

### 澆水

夏季的時候早晚需各澆水 1 次，要充分澆濕，滿足金邊檸檬百里香的生長需求。其他季節，表土變乾燥即可澆水，一次澆透。

### 土壤及施肥

插枝時的土壤為不含肥料的沙壤土，等生根後可施薄肥在土面上，以後每 2~3 個月施肥 1 次即可，切勿一次澆肥太多，以免燒根。

**TIPS**

**注意金邊檸檬百里香的姿態**

雖然是直立型的百里香，但是在光線不足時常呈倒伏狀，或是在植株過高而未適當修剪時也會倒伏，所以常被誤認為是匍匐性植物。

**植物小檔案**

金邊檸檬百里香，原產於新西蘭，屬唇形科。葉小卵形對生，有金黃色斑紋，花為紫色。葉子帶有斑點並有檸檬味，通常被用於食品香料的製作，因為生命力強、產量高，適合在田間大量栽培，供應食品原料。

易活度
★★★

生長溫度
20～25℃

適宜擺放
客廳、窗台

# 鹿角海棠 ——不畏寒冬的長青多肉——

　　鹿角海棠非常適合冬季室內觀賞，在樹葉凋零、百花沉寂的冬季，這樣一株小巧卻生機盎然的鹿角海棠怎能不引人注目、惹人喜愛呢？

## 養護小秘訣

### 小盆栽 大健康

葉形和葉色都別具一格的鹿角海棠，可以放在室內的書桌上、電視旁等處作為點綴。與此同時，它能吸收室內的甲醛等有害物質，淨化居家的空氣。

### 光照

鹿角海棠喜歡溫暖乾燥和陽光充足的環境，耐乾旱，怕高溫。鹿角海棠夏季沒有明顯的休眠期，陰涼通風就可以安全過夏了。

### 澆水

春季生長期以保持盆土不乾燥為准，多在地面噴水，保持一定的空氣濕度。夏季，鹿角海棠呈半休眠狀態，可放半陰處養護，保持盆土不過分乾燥。秋冬季節表土乾燥就澆水。

### 土壤及施肥

土壤可以用肥沃、疏鬆的沙壤土種植。每年春季換盆時，加入肥沃的泥炭土或腐葉土和粗沙組成的混合土壤，稍加噴水即可。秋後鹿角海棠繼續生長，可每半個月施肥 1 次。

**TIPS**

**如何對付鹿角海棠的病蟲害**

盆栽鹿角海棠濕度過大時，常發生根結線蟲病，可用 3% 呋喃丹顆粒劑進行防治。有介殼蟲危害，可用 50% 殺螟松乳油稀釋 1500 倍液噴殺。

### 植物小檔案

鹿角海棠又名熏波菊，植株不高，多年生常綠多肉草本植物科，常呈亞灌木狀，分枝多呈匍匐狀。葉片肉質具三棱，非常特殊。冬季開花，有白、紅和淡紫等顏色。常見品種分為長葉和短葉兩個品種，夏季開花均為黃色。

易活度
★★★

生長溫度
15～28℃

適宜擺放
陽台、窗台

# 絨針 ——呆萌可愛的「小刺蝟」——

絨針的葉片上長了一層白色絨毛，遠遠看起來就像是一隻剛出生不久的小刺蝟，可愛又呆萌，無論放在書桌上還是物架邊，都是很好的裝飾物。

## 養護小秘訣

 ### 小盆栽 大健康

又是一款可愛與淨化空氣兼備的多肉植物，嬌小可愛的絨針是桌上的小萌物，不要以為只是可愛，它可還在默默地吸收着空氣中的有害物質，淨化着室內的空氣。

 ### 光照

喜溫暖乾燥和陽光充足的環境，怕低溫和霜雪，耐半陰，絨針需要接受充足日照，株型才會更緊實美觀。日照太少則葉片排列非常容易鬆散，拉長。

 ### 澆水

生長期澆水一般乾透澆透，而夏季澆水時注意不要弄到葉心，不然容易掉葉。冬季保持盆土乾燥，以免凍傷。

 ### 土壤及施肥

一般可用泥炭、蛭石和珍珠岩的混合土，也可用泥炭和粗沙的混合土。生長期施肥一般每2個月1次。

 **TIPS**

**絨針的繁殖**

絨針非常容易群生，繁殖方式以扦插為主，也可以葉插。全年均能進行，以春、秋季生根快，成活率高，選取較整齊的枝葉，插於沙盆中，20~25天後生根，根長2~3厘米時即可上盆。

**植物小檔案**

絨針，又名銀箭，景天科青鎖龍屬，為中小型品種，植株不太大，有矮小的細莖，隨着時間的生長而慢慢伸長形成群生老樁。葉片對生，株徑不是很大，葉片短小，新葉片長圓形，老葉葉面有微凹陷，葉片較尖。整個葉片有透明狀絨毛。

**易活度**
★★★

**生長溫度**
15～25℃

**適宜擺放**
陽台、窗台

# 藍目菊 —— 如潑墨般熱烈嬌艷 ——

　　藍目菊的花語是腳下的天空，根植於大地的藍目菊平凡而又熱烈，如潑墨般洋洋灑灑又異常嬌艷，在陽光下生生不息。做不了任意馳騁的飛鳥，也能蔓延大地，活出自己的一片天。

## 養護小秘訣

###  小盆栽 大健康

被稱為「非洲雛菊」的藍目菊，擺放在家中有較強的裝飾性，也能淨化室內空氣。同時在它正處於花期的時候，作為伴手禮送友人也是很好的綠色之選。

###  光照

除個別品種像仙客來在萌發時需要黑暗之外，大多數種子在光照條件下有利於萌發。種子萌發後必須接受光照，否則會使幼苗徒長。

###  澆水

用細噴頭澆透底水，水滴的大小以不衝擊土表、保持土表平整為好。澆水後再用殺真菌的藥劑澆灌一遍，常用的藥劑是百菌清。

###  土壤及施肥

要求土壤疏鬆、透氣性好、保水保肥、乾淨無病害。常用的基質有泥炭土、椰糠、珍珠岩、蛭石，一般混合使用。泥炭不要太細，可在土壤中適當添加一些肥料，長成後每半個月施1次薄肥。

**TIPS**

**給藍目菊充足水分**

藍目菊出芽後要注意多通風、接受日照，土壤不能老是處於濡濕狀態，否則很容易導致莖枯。如果種子很細，為避免水的沖刷，可以採用浸盆的方法補水。

## 植物小檔案

藍目菊別名非洲雛菊、大花藍目菊。原產南非，植株高度為40~60厘米，基生葉叢生，莖生葉互生，通常羽裂。頭狀花序單生，總苞有絨毛，舌狀花白色，背面淡紫色，盤心藍紫色。瘦果有棱溝，具長柔毛。

**易活度**
★★★

**生長溫度**
18～26℃

**適宜擺放**
客廳、沙發旁

# 姬吹雪 ——如名字般美麗如雪——

　　姬吹雪的葉片細長而有白紋，像西門吹雪的劍一般，高明得只見白光。姬吹雪之所以這麼受歡迎，與它這個美麗的名字也有很大的關係吧。

## 養護小秘訣

###  小盆栽 大健康

小小的姬吹雪是多肉新手必入的一款，它極易養活，也能吸收粉塵和二氧化碳。在做多肉拼盆的時候也是鋪面的不錯選擇。

###  光照

姬吹雪長得很快，若光照不足，植株非常容易徒長，葉與葉之間的上下距離會拉得更長，使株型鬆散，莖變得很脆弱，葉片也會拉長，顏色也會變淡。而在陽光充足之處生長的植株，株型矮壯，葉片之間排列會相對緊湊點。

###  澆水

當春季氣溫轉暖，姬吹雪開始萌發時，澆水應充足，注意保持土壤濕潤，到4~5月時，則可以稍乾一些，此植物比較耐旱。若此時水分過多、盆土過濕，反而生長不好。

###  土壤及施肥

姬吹雪對土壤的要求不嚴，以泥炭土加粗沙保持透水就可以。在姬吹雪的生長季節，最好每月澆1次腐熟的糞肥，這樣可以使其長得青翠旺盛，莖蔓四壁。

**耐寒的姬吹雪**

姬吹雪稍能耐寒，在冬季寒冷時，只要氣溫不低於10℃，它仍能生長較好。若能把它放置在向陽避風的地方，盆土不要太乾或太濕，它就不會被凍傷，來年春季又可以茁壯生長。

**植物小檔案**

姬吹雪又名佛甲草錦或白佛甲草，
為多年生草本植物，葉片細長而帶
有白色絨毛，外觀非常淡雅，造型
清新爽朗，也十分容易打理。非常
適合用於植物微景觀的拼盆以及作
為辦公一族的桌上裝飾植物。

🌱 易活度
★★★

☀ 生長溫度
15 ～ 25 ℃

🏠 適宜擺放
陽台、窗台

# 巧克力兔耳 —— 植物界的小兔子 ——

如同巧克力一樣的葉片顏色，怎能不受到廣大多肉愛好者的喜愛？獵奇是大家共同的心理特徵，而巧克力兔耳的外形特徵一定能滿足你的好奇心。

## 養護小秘訣

 ### 小盆栽 大健康

長得比較慢的小可愛——巧克力兔耳，它是很多女生的新寵。擺一盆放在辦公桌上，不僅能夠吸收一些甲醛，也默默地為你的辦公環境增添了一抹春意。

 ### 光照

巧克力兔耳需要充足的陽光、涼爽乾燥的環境，所以儘量把它擺在陽光可以照射到的地方種植。巧克力兔耳耐半陰，怕水澇，忌悶熱潮濕。具有冷涼季節生長、夏季高溫休眠的習性。

 ### 澆水

生長期需保持土壤微濕，避免積水。當溫度超過35℃時，生長基本停滯，應減少澆水，防止因盆土過度潮濕引起根部腐爛。整個冬季基本斷水，5℃以下就要開始慢慢斷水了。

 ### 土壤及施肥

配土可用煤渣混合泥炭和少量珍珠岩，比例大概為6：3：1，土表鋪上河沙。巧克力兔耳生長力很強，在生長期略施薄肥即可。

 **TIPS**

### 巧克力兔耳的栽種技巧

巧克力兔耳因為長得相對較慢，3~5年換盆1次就差不多了，初春頭次澆水前進行換盆。巧克力兔耳株型不是太大，有分枝，繁殖時可以扦插和分株。

**植物小檔案**

巧克力兔耳為景天科珈藍菜屬，原產於納米比亞高原。植株為直立的肉質灌木，長得不高，微型品種。植株葉片對生，長梭形，整個葉片及莖幹密佈凌亂絨毛。新葉片金黃色或巧克力色，老葉片顏色變淡，葉尖圓形，冬季整個植株的葉片呈金黃色，非常漂亮。

易活度
★★★

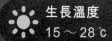
生長溫度
15～28℃

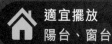
適宜擺放
陽台、窗台

# 江戶紫 ——簡潔大方的多肉貴族——

　　江戶紫外形簡潔，有紫色的斑點，較薄的葉片在逆光時欣賞非常漂亮，這也是紫色斑點帶來的獨特美。

## 小盆栽 大健康

江戶紫葉片肥厚，灰綠或藍綠色葉面上佈滿了紫褐色斑點，猶如一塊美麗的調色板，是多肉植物中的觀葉佳品。作為家庭盆栽，它可裝飾美化陽台、窗台、客廳等處，其葉片斑駁可愛，頗有特色。

## 光照

日常養護中若光線不足，會造成白粉消失，斑點顏色減退，嚴重影響觀賞。夏天的強光直射，又會造成葉尖枯萎。因此，除夏季高溫時要適當遮光外，其他季節都要給予充足的光照，這樣培養出來的植株葉片肥厚，白粉明顯，紫褐色斑點清晰顯著，非常漂亮。

## 澆水

夏季高溫時因植株生長緩慢，應加強通風，以免因土壤濕度過大，引起基部莖葉變黃腐爛。冬季放在室內陽光充足處，可正常澆水，使植株繼續生長。春、秋季節是植株生長的旺盛期，應保持土壤濕潤而不積水。

## 土壤及施肥

栽培介質以肥沃、疏鬆和排水良好的土壤為佳。生長期一般每月施 1 次腐熟的稀薄液肥或無機複合肥。

### TIPS

**瞭解江戶紫的習性**

江戶紫比較喜歡溫暖乾燥和陽光充足的環境，不耐寒、忌水濕，耐乾旱和半陰，強光曝曬和過於蔭蔽都對植株的生長不利。

## 植物小檔案

江戶紫為景天科草本植物，又名斑點伽藍菜，原產於東非各國乾燥地區。為多年生肉質植物，植株呈灌木狀。肉質葉交互對生，無柄，葉片倒卵形，葉緣有不規則的波狀齒，藍灰至灰綠色，被有一層薄薄的白粉，表面有紅褐至紫褐色斑點或暈紋。

**易活度**
★★★

**生長溫度**
15～25℃

**適宜擺放**
陽台、窗台

# 飛鳥老師種植課堂 Q&A

種植課堂

## Q1 家養盆栽有必要鋪上石子嗎？

在家養的盆栽中鋪上小石子，可以達到以下幾個效果：①增加盆栽的美觀度。盆栽裏裸露的泥土多少會讓花盆顯得不整潔，鋪上石子可以將泥土覆蓋，保持盆栽的整潔和美觀。②能防止在給盆栽澆水時，濺起的泥漿弄髒植物，既不美觀，也容易增加病蟲害發生的可能。③能減緩土壤中水分的蒸發。但是鋪上石子也存在一個缺點，就是不能很好地觀察土壤的乾濕程度。

## Q2 盆栽的雜草要及時除掉還是任其生長？

一般情況下，盆栽中的雜草最好是定期除掉，特別是對於小盆栽來說，因為這些雜草會消耗掉土壤中的有限養料，它們長得太過茂密，會影響通風和採光，還會導致盆栽整體效果不美觀。但是雜草也有它的妙用，對於根系不發達、外形秀麗的雜草，可以適當保留，用來作為盆栽的養護，通過其觀察土壤的乾濕狀況，為日常澆水提供參考。

## Q3 盆栽的葉子爛了或者邊緣乾枯需要人工剪掉嗎？

植物的黃葉要及時修剪清除，因為黃葉子已經不能夠進行光合作用了，反而會耗費植物的養分從而影響生長，也不美觀。所以及時清除黃葉和爛葉可以提高植物本身的光合作用效率，節約養分，使植物能長得更快更好。

## Q4 新買的盆栽放在家裏長蟲了怎麼辦？

室內盆栽最好不要用農藥殺蟲，因為農藥揮發到空氣裏被人體吸收後會影響人體健康，像一般常見的小蚜蟲可以用透明膠帶黏走，或者用棉簽蘸取大於53度的燒酒塗抹在長蟲的位置上即可。如果情況比較嚴重，一定要使用化學藥水殺蟲，記得將盆栽移至室外進行噴灑農藥處理，殺蟲後在室內放置1個星期左右，待藥水完全揮發後再移至室內。

## Q5　可以直接用自來水澆盆栽嗎？

給乾涸的盆栽餵飽水，對於盆栽來說應該是最簡單不過的一項呵護，但是澆水也是有技巧的，千萬不能直接用自來水來澆盆栽。因為自來水中含有白礬，澆了自來水後，會導致盆栽土壤板結，影響土壤的透水性和透氣性。所以，自來水在澆灌之前，需要靜置 3 天以上的時間才能使用。

## Q6　盆栽需要每天都噴灑水嗎？

給盆栽植物噴水有很多好處，但並不是一味噴水就可以，籠統地問是否每天需要澆水，答案當然是否定的。關於澆水的頻率用量和環境溫度及植物的生長時期等都有關係。比如在花卉的幼苗期，可適當多澆些水，但不能使盆中有積水。總之，澆水要根據植物的生長習性、環境溫度、生長時期等具體情況靈活調整。

# 喜歡溫暖濕潤的植物
## 居室角落也不乏綠意

　　雙眼離開窗外的自然，回頭看看那佇立在角落的小小盆栽，不經意間，它已用自己小小的身軀給居室帶進一份大自然的綠意。只要給它細心的呵護與滋潤，它將為你展現最活潑、最美麗的一面。

# 圓佛珠 ——玲瓏可愛的碧翠圓珠——

　　圓佛珠的外形長得像一串串珠子，形象十分有趣，它玲瓏碧翠，不是鮮花卻勝於鮮花，擺放在家中各處都能充滿趣味，極具觀賞性。

## 養護小秘訣

### 小盆栽 大健康

珠圓玉潤的小小圓佛珠，是眾多盆栽中的可愛萌物。它具有淨化空氣的作用，能釋放適量的氧氣，擺放在臥室裏，安靜地助你入睡。

### 光照

圓佛珠喜歡溫暖和半陰，在強散射光的環境下生長最佳，注意避免夏季的強光直射，要做好遮陰工作，以免出現灼傷等情況。入秋後，光線減弱，可以適當增加光照。生長溫度以 15~25℃ 為宜。

### 澆水

生長期澆水要澆透，不能積水，以免根部腐爛。夏季氣溫高，蒸發快，但是澆水量也要控制，因為圓佛珠不喜歡高濕的環境。

### 土壤及施肥

圓佛珠對土壤的要求不高，一般選擇疏鬆、肥沃並富含有機質的土壤為宜。生長期間每月施肥 1 次即可。

**TIPS**

**綠色淨化器**

圓佛珠是家中用於懸吊栽培的理想植物，它不僅外形美觀，充滿樂趣，具有一定的觀賞性，還能吸收苯、甲醛等有害物質，所以有「綠色淨化器」的美稱，被很多人當作室內空氣淨化的盆栽來種植。

### 植物小檔案

圓佛珠是一種多肉植物，和吊蘭等植物一樣，其枝條會向下生長，形成眾多的垂蔓。其葉子為一粒粒圓潤、肥厚的葉片，仿佛由細長的莖串成一串佛珠。它原產於非洲南部，現在世界各地都已廣泛栽培。

易活度
★★★

生長溫度
15～25℃

適宜擺放
陽台、窗台

# 比利時杜鵑 —— 奪人眼球的美豔花朵 ——

比利時杜鵑株型美觀、花色艷麗，在其綠葉的襯托下鮮艷奪目、嬌媚動人。擺放在家中，可以增添歡樂、熱鬧的氣氛。

## 養護小祕訣

 ### 小盆栽 大健康

比利時杜鵑那艷麗奪目的花朵，實在吸引人們的眼球。擺放在室內，無疑是一道亮麗的風景。況且其在光合作用下，還能有效吸收空氣中的二氧化碳，增加空氣中的氧氣。

 ### 光照

比利時杜鵑喜歡溫暖、涼爽、通風的環境，害怕炎熱，可以給其充足的陽光，但是要避免太陽強光的暴曬，其適宜生長的溫度為 12~25℃。

 ### 澆水

比利時杜鵑喜歡濕潤的環境，所以其盆土要儘量保持濕潤。其根系既怕乾又怕水澇，所以澆水時切忌積水。生長發育期間，可以通過噴水的方式維持空氣中的濕度。

 ### 土壤及施肥

土壤以疏鬆、肥沃和排水良好的酸性沙壤土為宜，可以選擇腐葉土、培養土和粗沙混合而成的混合土。施肥不宜過濃，不然比利時杜鵑的根部會無法吸收。

 **TIPS**

### 種植比利時杜鵑時的注意事項

在比利時杜鵑新葉生長、花芽分化和花蕾形成時，盆土均要保持濕潤。開花期控制澆水，澆水過多會導致掉花。開花後必須換盆，但是由於其根系較脆弱，換盆時要小心力度，不然容易使根折斷，造成根部的損傷。

**植物小檔案**

比利時杜鵑從比利時引種到
中國，一年四季都可以開花，
花色眾多，有紅色、白色、粉
色等。比利時杜鵑為常綠灌
木，葉子呈長橢圓形，葉色為
深綠色。

易活度
★★★

生長溫度
12～25℃

適宜擺放
客廳、窗台

# 龜背竹 —— 飽含寓意的觀葉植物 ——

　　代表健康長壽的龜背竹，擺放在花園中，不僅是一道亮麗的風景線，更是一個美好的寓意。而它吸收二氧化碳的本領，能真真切切地給人們帶來健康。

## 養護小秘訣

 ### 小盆栽 大健康

在淨化空氣方面，龜背竹雖然沒有蘆薈那麼功能全面，但是其對降低空氣中的甲醛含量的效果還是比較明顯的。此外，龜背竹在夜間還能吸收空氣中的二氧化碳，改善空氣質量。

 ### 光照

龜背竹喜歡溫暖環境，不耐寒，冬季的溫度不能低於5℃。龜背竹忌陽光直射，否則會造成葉片枯焦、灼傷，所以夏季不能放在陽光下直曬，要放在半陰處養護。

 ### 澆水

龜背竹喜歡濕潤的環境，夏季除給其正常澆水外，還需多噴水，保持環境的濕潤度。春季和秋季每2~3天澆1次水。

 ### 土壤及施肥

龜背竹的土壤通常使用腐葉土、園土和沙土等混合而成，種植時也可以加入少量骨粉作為基肥。生長旺盛的時期，可以每月施稀薄液肥，增加其葉色的光澤。

### 植物小檔案

龜背竹原產於墨西哥的熱帶雨林中，幼葉心形無孔，它的葉片長大後形狀奇特，呈孔裂紋狀，極像龜背。龜背竹可以小盆種植，也可以大盆栽種，各具特色。如果是大盆的龜背竹，可以放在花園裏，頗具熱帶風情。

易活度
★★★★

生長溫度
20 ～ 25℃

適宜擺放
花園、陽台

# 花葉絡石 —— 為你的生活增添趣味 ——

　　艷麗奪目、生命力強健的花葉絡石，從現有的園林綠化地被植物中脫穎而出，在各種環境佈置及各種盆栽植物的搭配中，都可以看到它的身影。

## 養護小秘訣

###  小盆栽 大健康

花葉絡石能給空氣帶來淨化作用，同時因為其靚麗的外表和較強的生長能力，經常被用於盆栽組合當中，作為其中重要的一角。

###  光照

花葉絡石喜光，稍耐陰，它的葉色變化與光照及生長狀況息息相關，越是艷麗的外表，說明其得到越良好的光照和生長條件。

###  澆水

花葉絡石喜歡濕度較大的環境，具有較強的耐乾旱、抗短期洪澇的能力。夏季陽光強烈的時候，可以適當給其增加澆水次數，並向空氣中噴水，增加環境的濕度，更有利於花葉絡石的生長。

###  土壤及施肥

花葉絡石宜在排水性良好的酸性或中性土壤中生存。每年 3~8 月可以給其施氮肥，促進植株的生長；9~10 月上旬可以適量追施磷鉀肥，使植株更健壯；10 月開始禁止修剪。

 **TIPS**

**讓花葉絡石為你增添趣味**

花葉絡石是地被綠化、美化走廊和綠化牆體等的極佳品種。作為盆栽，可以用其藤蔓在花盆中紮成亭、塔、花籃等造型，並能根據自己的想像隨意修剪。也可以讓其自由生長，作為垂吊盆景掛於室內或陽台，又是一番趣味盎然的景象。

**植物小檔案**

花葉絡石是一種常綠木質藤蔓植物，莖有不明顯的皮孔。它的葉子為革質，呈現橢圓形至卵狀橢圓形或寬倒卵形。其葉色豐富、色彩斑斕，隨着生長藤蔓會慢慢延伸，擺在桌上裝飾尤為有意境

易活度
★★★★

生長溫度
23～30℃

適宜擺放
客廳、窗台

# 合果芋 —— 姿態萬千的熱銷盆栽 ——

合果芋美麗多姿，形態多變，是極具代表性的室內觀葉植物。它容易栽種，又能吸收室內的甲醛，是最為熱銷的室內盆栽之一。

## 養護小秘訣

###  小盆栽 大健康

合果芋展開它大大的葉片，毫不掩飾它滿懷的綠意。工作疲勞的你回到家中，或是看電視、玩電腦太過勞累，都可以看看它，讓眼睛和心靈得到放鬆紓緩。

###  光照

合果芋喜歡高溫的環境，能適應不同的光照條件，但是害怕強光的暴曬。所以在炎熱的夏季，要給其適當遮陰，以免出現焦黃、灼傷的現象。其在明亮的散射光處生長良好，適宜生長的溫度為 22~30℃。

###  澆水

合果芋喜歡多濕的環境，夏季生長旺盛期，要補充充足水分，保持盆土濕潤，並每天向葉面噴水，保持較高的空氣濕度。到了冬季應該減少澆水的次數。

###  土壤及施肥

土壤以肥沃、疏鬆和排水良好的沙壤土為宜，可以選擇腐葉土、泥炭土和粗沙混合而成。在生長旺盛的期間，可以每週施 1 次稀薄液肥，每月噴 1 次濃度為 0.2% 的硫酸亞鐵溶液。特別要注意的是，冬季應停止施肥。

**TIPS**

**如何拯救出現黃葉的合果芋**

合果芋出現黃葉主要有以下幾個原因：①澆水過多引起的黃葉，導致幼葉變黃，此時應控制澆水量。②因乾旱引起的黃葉，特點是老葉先黃至全株變黃，此時應立即澆水。③因施肥過多引起的黃葉，表現為幼葉肥厚且凹凸不平，應控制施肥量。

## 植物小檔案

合果芋原產於中美洲和南美洲的熱帶雨林，現在作為一種觀葉植物，在世界各地廣泛栽種。其葉片呈現兩型性，幼葉為單葉，葉呈箭形或戟形，葉色淡，老葉呈掌狀，葉色深且葉質厚。它非常好養殖，可以土培也可以搭配玻璃器皿水培。

**易活度**
★★★★

**生長溫度**
22 ～ 30 ℃

**適宜擺放**
書房、玄關

# 春羽 —— 讓綠意抹去你的疲憊 ——

忙碌了一天的你回到家中，迎接你的是春意盎然的春羽，它為居家增添一抹綠意，並贈予你一份能忘記疲憊的舒適感。

## 養護小秘訣

###  小盆栽 大健康

春羽在帶給居家春意盎然的同時，還能吸收空氣中的甲醛等有害物質，無論從視覺還是整體感受上，都給室內營造一個清新自然的環境。

###  光照

春羽對光線的要求不嚴，喜歡高溫的環境，不耐寒，耐陰暗。在炎熱的夏季，應該將其放置在背陰處養護。寒冷的冬季，可以將其放於陽光充足的地方。適宜生長的溫度為 18~25℃。

###  澆水

春羽喜歡多濕的環境，生長期要保持其盆土的濕潤，平時可以用淘米水來澆灌。在陽光充足的夏季，水分蒸發快，可以給春羽四周噴水，增加空氣中的濕度。冬季氣溫逐漸降低，應適當減少澆水的次數。

###  土壤及施肥

土壤以選擇肥沃、疏鬆、排水良好的微酸性土壤為宜。上盆或換盆時，在盆底墊一些蹄角片或油渣作為底肥，以後每月可以施 1 次稀薄餅液肥。到了冬季，應適當減少施肥的次數或停止施肥。

**TIPS**

**種植中的注意事項**

在種植春羽中要注意以下幾點：①對於溫度的要求，應保持在 20℃左右，要避開空調中冷氣、暖氣的直接吹襲；②保持空氣中一定的濕度，可以通過噴水、灑水的方式給其增加濕度，以免出現黃葉；③忌陽光直射，但也不能長期擺在蔭蔽的環境裏。

**植物小檔案**

春羽是多年生常綠草本觀葉植物，原產於巴西、巴拉圭等地。其葉柄堅挺而細長，幼年期的葉片較薄，呈三角形，隨生長葉片逐漸變大，全葉羽狀深裂似手掌狀，呈現濃綠色，並富有光澤。

易活度
★★★

生長溫度
18～25℃

適宜擺放
書房、玄關

# 金魚吊蘭 ——充滿想像的植物魚缸——

可不要小看普普通通的金魚吊蘭，它一旦開了花，就宛如一個有趣的魚缸，那花兒仿佛是綠水中遊蕩的俏皮金魚，活靈活現，生機盎然。

## 養護小祕訣

### 小盆栽 大健康

金魚吊蘭是一款少有的喜陰懸垂觀葉和賞花植物，放在室內既可以美化環境，還可以吸收二氧化碳，同時釋放出新鮮的氧氣。

### 光照

金魚吊蘭喜歡高溫的環境，除在冬季需要充足的陽光照射外，其餘季節應該給其遮陰，並放在通風處。其適宜生長的溫度為 18~22℃。

### 澆水

金魚吊蘭喜歡高濕的環境，太過乾燥會引起落葉。在春季、夏季和秋季要多澆水，經常用清水噴灑盆栽四周，增加空氣中的濕度，避免因空氣乾燥而造成葉片凋落。

### 土壤及施肥

栽培土要求疏鬆、排水良好，土壤不能含石灰質，以偏酸性為宜。金魚吊蘭在生長期間，每 1~2 週施 1 次有機薄液肥，可以使其生長旺盛。開花時不要施肥，花謝後可施含氮的肥料。

**TIPS**

### 金魚吊蘭為何不開花

如果金魚吊蘭的葉子長得好，但是不開花，基本可以判斷為以下原因導致的：①水肥太勤，造成金魚吊蘭還處於營養生長階段，所以要適量減少澆水、施肥次數；②由於藤太長，養分輸送不到位所致，此時將藤剪去一截即可。

### 植物小檔案

金魚吊蘭，又被稱為金玉花等，是多年生草本植物，原產於熱帶美洲叢林。其葉片呈卵形，葉面為深綠色，背面靠主脈處為紅色。開花時，花的形狀尤其像金魚，可愛又活潑，受到很多盆栽種植者的喜愛。

 易活度
★★★

 生長溫度
18～22 ℃

 適宜擺放
客廳、窗台

# 倒掛金鐘 ——朵朵垂花顯婀娜——

　　倒掛金鐘，顧名思義就是宛如倒掛着的金鐘，當其開花時，可見垂花朵朵，婀娜多姿，仿佛懸掛的彩色燈籠，美麗動人。

## 養護小秘訣

###  小盆栽 大健康

在家中擺放一盆倒掛金鐘，不僅能打造一道亮麗的風景，也能為居家環境增添生命力。它的花朵是一種傳統藥材，經特殊處理後，具有活血祛瘀、涼血祛風的功效。

###  光照

喜涼爽濕潤環境，怕高溫和強光，冬季要求溫暖濕潤、陽光充足、空氣流通；夏季要求乾燥、涼爽及半陰條件。忌酷暑悶熱及雨淋日曬。

###  澆水

給倒掛金鐘澆水施肥的時候一定要適量適度，保證盆土半乾半濕就行。夏天的時候可以適當給花葉噴噴水，其他時間少澆為妙。同時也要避免雨水的澆灌，否則澆水不當或者被雨水沖洗，很容易使倒掛金鐘患上根腐病。

###  土壤及施肥

施肥的時候大概每 10 天施 1 次薄肥即可，開花期可以施 1~2 次磷鉀混合肥以供給足夠的營養，天氣過於炎熱或者寒冷時就可以免去這一工作了。

**倒掛金鐘的繁殖方法**

倒掛金鐘一般不結籽，多以扦插為主，但要掌握要領，其成活率一般可達到 95% 以上。除夏季外，全年均可進行插杆繁殖。4~5 月或 9~10 月扦插發根最快，扦插用枝梢頂端或中下部均可，剪截成 8~10 厘米一段插入盛有沙土的盆內，放置於陰涼處，蓋上玻璃，經 10 餘天即生根，再培育 7 天，即可換盆分栽。

**植物小檔案**

倒掛金鐘，又名燈籠花和吊鐘海棠，原產於墨西哥。為多年生灌木，盆栽適用於廳室、花架、桌面點綴。用清水扦插，既可觀賞，又可生根繁殖。

易活度
★★★

生長溫度
15～28℃

適宜擺放
客廳、窗台

# 球松　——用嬌小可愛襯托他人——

　　球松嬌小可愛，是製作小型盆栽的不二選擇。它既能體現松樹偉岸崢嶸、亙古長青的品格，製作起來又非常簡單，很適合家庭種植。

## 養護小秘訣

### 小盆栽 大健康

迷你的球松是可愛的多肉植物裏最有意境的植物，將它作為拼盆以及搭配比較古樸的粗套盆擺放在桌面，不僅可以綠化環境，也能陶冶情操。

### 光照

喜涼爽乾燥和陽光充足的環境，耐乾旱，怕積水，怕酷熱，夏季休眠。它的生長期處於9月至翌年5月，可放在光照充足之處養護，如果陽光不足，會使植株徒長，葉與葉之間的距離拉長，失去緊湊秀美的株型，嚴重影響觀賞。

### 澆水

球松澆水要掌握「寧乾勿濕」的原則，避免長期積水，以免造成爛根。每年秋季換盆1次。

### 土壤及施肥

盆土要求疏鬆透氣，具有良好的排水性，可用園土、沙土等材料混合配製。為了保持盆景形態的優美，養護中一般不必另外施肥。

**TIPS**

**球松的修剪**

球松容易萌發側枝，養護中應注意修剪，及時剪去過密、過亂的枝條，尤其是基部的新枝，以保持盆景的疏密得體，自然美觀。需要指出的是，球松枝幹較細，應注意控制植株的高度，使其枝、幹之間比例自然協調。對於修剪下來的枝條，可作為插穗進行扦插繁殖，除盛夏高溫季節外，不論長短，都很容易成活。

**植物小檔案**

球松，它雖然不是真正的松樹，卻是一種酷似松樹的景天科、景天屬的多肉植物。球松植株小巧，株型緊湊，枝葉鬱鬱葱葱，層次分明。

 易活度
★★★★

 生長溫度
15 ～ 25 ℃

 適宜擺放
陽台、窗台

# 唐印 ——漂亮易活的觀葉佳品——

　　唐印引進中國的時間不長，但是其外觀非常美麗，有漂亮的株型和葉色，是觀葉佳品。唐印也是非常好養的品種，是盆栽新手的不錯選擇。

## 養護小秘訣

 ### 小盆栽 大健康

唐印擁有較大的葉片，可以通過光合作用有效吸收室內空氣中的二氧化碳，並釋放出氧氣，提高空氣中的含氧量，對身體有益。

 ### 光照

唐印需要陽光充足和涼爽、乾燥的環境，避免曝曬。最宜的生長環境一定要通風良好且適當遮光。

 ### 澆水

唐印耐半陰，怕水澇，忌悶熱潮濕。整個冬季基本斷水，5℃以下就要開始慢慢斷水。夏季高溫時，整個植株生長緩慢或完全停止，節制澆水，不能長期被雨淋，以免植株腐爛。

 ### 土壤及施肥

唐印生長期需保持土壤濕潤，避免積水。土壤可以用煤渣混合泥炭、少量珍珠岩，比例大概為 5：4：1，土表鋪設大顆粒的河沙。在春、秋生長旺期，每 10 天左右施 1 次腐熟的薄肥。

 **TIPS**

### 如何繁殖唐印

唐印可以通過芽插、葉插或用帶有葉片的莖段作插穗來繁殖。若用帶有葉片的莖段作插穗，可將其先稍微晾乾 1~2 天，待傷口癒合後，再插於乾的顆粒土中，生根後就可以少量給水了，並保持一定濕度。

### 植物小檔案

唐印屬多年生肉質草本植物，中小型品種，有粗矮的莖。其葉片呈匙形，沒有很明顯的葉尖，葉片非常薄，葉片綠色。秋末至初春時節，在陽光充足的條件下，葉緣呈紅色。其葉面光滑，有厚白粉，白粉比較澀。唐印多年群生後，植株非常壯觀，並開白色小花。

🌱 易活度
★★★

☀ 生長溫度
10～25℃

🏠 適宜擺放
陽台、窗台

# 十二卷 ——剛勁粗獷的沙漠風情——

用十二卷製作盆景，把單純的「觀葉」改為「賞景」，增加了人與自然的親和力，其風格剛勁粗獷，頗具非洲沙漠風情。

## 養護小秘訣

 ### 小盆栽 大健康

將十二卷擺放在家中，可以有效吸收屋內的甲醛等有害物質，並能吸附空氣中的灰塵、粉塵，對淨化居室的環境具有較好的作用。

 ### 光照

十二卷喜光照，耐半陰環境，不能長期置於蔭蔽處，否則不但生長受到抑制，條紋也會逐漸變得暗淡。夏季需要以半陰環境養護，避開強烈的光照，以防灼傷。冬季則需要充足的光照條件，光線不足易造成葉片退化、縮小，嚴重影響生長。

 ### 澆水

十二卷喜歡較乾燥的空氣環境，陰雨天持續的時間過長，易受病菌侵染。若放在半陰處成長，要給它適當噴霧，每天 1~2 次即可。其根系怕水漬，如果花盆內積水，容易引起爛根。給它澆水的原則是「間乾間濕，乾要乾透，不乾不澆，澆就澆透」。

 ### 土壤及施肥

十二卷對肥料的需求不大，一般每個月施用 1 次稀薄的肥水即可滿足，濃肥與生肥要禁止施用，否則極易產生肥害而造成損傷，嚴重者會全株壞死。盆土可按腐葉土、園土、粗沙或蛭石以 1：1：2 的比例，並加入少量的骨粉混合配製。

 **TIPS**

### 如何對十二卷進行分株

如果需要分株，最好在早春土壤解凍後進行，把母株從花盆內取出，抖掉多餘的盆土，把盤結在一起的根系盡可能地分開，分出來的每一株都要帶有相當的根系，並對其葉片進行適當地修剪，以利於成活。

## 植物小檔案

十二卷原產於南非，引進中國的時間並不長。其植株玲瓏可愛，葉片典雅清秀，葉質較軟，葉片短而肥，常作小型觀葉植物栽培，用於多肉拼盆或是創意盆栽來種植。當然，單獨種植也別有一番趣味。

🌱 易活度
★★★

☀ 生長溫度
20～30℃

🏠 適宜擺放
陽台、窗台

# 紫米粒 ——不容小覷的頑強生命——

　　紫米粒生長強健，無論自播繁衍還是扦插繁殖都相當出眾，短期內即可達到觀賞效果，是非常優秀的景觀花種。

## 養護小秘訣

###  小盆栽 大健康

紫米粒與普通植物的光合作用剛好相反，其在白天閉合呼吸，夜間吸收二氧化碳並釋放氧氣，起到淨化空氣的作用，適合擺放於室內，並有利於人的睡眠。

###  光照

紫米粒喜歡溫暖、陽光充足的環境，陰暗之處生長不良。但是要注意防止夏季高溫直射，應加強通風，避免悶熱潮濕的環境，否則會導致根部腐爛而引起落葉。

###  澆水

平時澆水遵循「乾透澆透」的原則，避免盆土長期積水，以免造成紫米粒根部腐爛。冬季儘量保持盆土乾燥，並將其放置在室內明亮的位置養護。

###  土壤及施肥

紫米粒極耐瘠薄，一般土壤均能適應，對排水良好的沙壤土特別鍾愛。其生長強健，管理非常粗放，每個季度施1次肥即可。

**TIPS**

**掉落的紫米粒**

紫米粒上面的「米粒」較脆弱，稍有震動就會掉落，掉落的「米粒」不要扔掉，將其收集起來栽種在新的花盆裏，很快就能長出新的滿滿一盆了。

**植物小檔案**

紫米粒又名米粒花、流星等，
原產於南美洲的玻利維亞、阿
根廷、巴西等地，屬馬齒莧科
馬齒莧屬，是新興的花卉品種。
在光照充足、晝夜溫差大的秋
季，紫米粒會由綠油油的狀態
轉換成紫紅色，十分驚艷。

易活度
★★★★★

生長溫度
15～28℃

適宜擺放
陽台、窗台

# 虹之玉 ——備受喜愛的可愛小物——

　　外形可愛的多肉，近年來不斷受到人們的喜愛和追捧，用它做成的盆栽組合也是極其惹人喜愛和充滿童趣的。

## 養護小秘訣

### 小盆栽 大健康

小巧玲瓏的虹之玉，可愛至極。它是淨化空氣的能手，把它放在剛裝修好的房子裏，能有效吸收甲醛，改善空氣質量，有利於人體健康。

### 光照

喜陽光充足，也耐半陰。秋冬季節氣溫降低，光照增強，肉質葉片逐漸變為紅色，因此栽培過程中人為降溫可提高觀賞價值。冬季室溫不宜低於5℃。虹之玉喜光，整個生長期應使之充分見光。但夏季曝曬會造成葉片日灼，可適當遮光或半日曬，中午應避免烈日直射。

### 澆水

虹之玉生長緩慢，耐乾旱，因此不宜大肥大水，應見乾澆水且澆透。冬季室溫較低時，則要減少澆水量和次數。夏季注意保持通風良好。

### 土壤及施肥

虹之玉喜愛乾燥的環境，要求排水良好的沙壤土。虹之玉生長較慢，一般1個月施1次有機液肥。

**TIPS**

### 虹之玉如何防治病害

虹之玉的病害較少，偶爾會發生葉斑病和莖腐病。其中葉斑病主要是由於通風不良且空氣濕度較大引起，可以通過改善通風情況來預防，並使用內吸性殺菌劑進行防治。而莖腐病一般是由於潮濕引起，所以要保持盆土稍微乾燥，特別是冬季避免頻繁澆水。

**植物小檔案**

虹之玉又名耳墜草、玉米粒，
原產於墨西哥等地，屬景天科
景天屬，先端鈍圓，亮綠色，
光滑，為多年生草本肉質植物。
其傘形花序下垂，花為白色。
花期為每年 6~8 月。

易活度
★★★★

生長溫度
10 ～ 28℃

適宜擺放
陽台、窗台

# 雅樂之舞 ——宛如少女的翩翩起舞——

　　雅樂之舞宛如一位楚楚動人的少女，看着它美麗的葉片與蜿蜒伸展的枝條，似乎可以聯想到少女隨着音樂翩翩起舞的模樣。

## 養護小秘訣

 ### 小盆栽 大健康

雅樂之舞葉形、葉色都十分漂亮，除了具有一定的觀賞性外，還能放置於室內，作為吸收室內甲醛等有害物質的天然空氣淨化器。

 ### 光照

雅樂之舞喜歡充足的陽光，適宜在溫暖、乾燥、通風的環境中生長。陽光太過強烈時可適當遮光，但是不能太過，因為其雖在半陰和散射光的條件下也能正常生長，但是葉片上的色斑會減退，植株變得鬆散，影響美觀。

 ### 澆水

平時遵循「不乾不澆，澆則澆透」的原則，不要長期雨淋，避免盆土積水，以免造成根部腐爛。冬季要儘量保持盆土乾燥，室溫在 5℃左右即可安全越冬。

 ### 土壤及施肥

選擇肥沃、具有良好透氣性的土壤為宜，可以用培養土栽種，種時注意鬆土，以增強土壤的透氣性。春季和秋季生長旺盛，每半個月可以施一次腐熟的稀薄液肥或是複合肥，但是不宜過多。

 **TIPS**

### 如何用雅樂之舞製作美觀的盆景

雅樂之舞應用方式很廣泛，迷你盆栽單盆欣賞十分可愛，利用容易橫向生長的枝條作為吊盆植物也很不錯。因為它是樹形的姿態，在設計上非常好用，常與其他多肉植物組合。此外，盆景界也將它作為盆景材料，雖然生長緩慢，但是修整好以後，不論質感或顏色效果都是一流的。

**植物小檔案**

雅樂之舞原產於南非，分佈於溫帶和熱帶地區。它是一種多肉植物，其葉色及整體外形都很美。雅樂之舞在日語中是「雅正之樂」的意思，指在奈良時代從中國與朝鮮傳入日本的音樂以及伴隨的舞蹈。

易活度
★★★★★

生長溫度
10 ～ 30℃

適宜擺放
書桌、客廳

# 火祭 —— 充滿熱情的熊熊火焰 ——

　　鮮紅的肉質葉是火祭獨特的魅力所在，也是其名稱的由來。遠觀火祭，就猶如一團熊熊燃燒的火焰，給人蓬勃向上的熱情之感。

## 養護小秘訣

 ### 小盆栽 大健康

火祭如一團正在燃燒的熊熊烈火，是裝飾居家的特別小物。不僅如此，它還能吸收室內的甲醛等物質，並通過光合作用釋放氧氣，改善空氣質量。

 ### 光照

火祭喜歡充足的光照，最好放在室外，讓其享受充足的陽光。如果光照不足容易導致其徒長，顏色呈現綠色，葉片稀疏，影響觀賞性。夏季高溫時，要給火祭遮陰，並保證有良好的通風性。火祭在盆土乾燥的情況下可以忍耐最低至零下 5℃ 的低溫。

 ### 澆水

火祭本身含水量就很高，10 天左右澆 1 次水即可。切勿澆水過多，否則容易造成積水，使得環境太過潮濕，根部容易腐爛，影響火祭的健康成長。

 ### 土壤及施肥

選擇排水性好、透氣性好的沙壤土為宜，可以選擇腐葉土、沙土和園土來混合搭配。施肥要適量，過多反而會影響火祭的生長。

 **TIPS**

### 火祭的冬夏養護

火祭在夏天會有短暫的休眠時期，這個時候需要給其遮陽並保持通風，一般當溫度升到 32℃ 的高溫時就要遮陽。休眠時期減少澆水次數，每個月維持澆 2~3 次水即可，保持根系不乾。待天氣轉涼後，慢慢恢復澆水。冬季當氣溫低於 5℃ 時火祭會停止生長，這時要停止或減少澆水，待溫度回升後再給其澆水。

**植物小檔案**

火祭別名秋火蓮，原產於南非，其生長時期排列緊密，葉片形狀為長圓形，葉面不光滑，葉色呈現淺綠色至鮮紅色，這主要取決於光照環境的情況。在乾燥且光照充足的夏季，火祭將會呈現最美的狀態。

易活度
★★★

生長溫度
18～24℃

適宜擺放
陽台、窗台

# 不死鳥 （又名落地生根）——超級頑強的生命力——

　　不死鳥是神話中的一種鳥類，傳說每隔 500 年，不死鳥便會採集各種有香味的樹枝和草葉，將之疊起後引火自焚，最後留下灰燼並出現重生的幼鳥。而這植物界中的不死鳥，也正由於它頑強的生命力而得名。

## 養護小秘訣

### 小盆栽 大健康

生命力頑強的不死鳥，在各種條件下幾乎都可以存活。它在頑強存活的同時，還給我們的居家環境帶來改善，不僅美化環境，還能通過光合作用吸收二氧化碳，釋放氧氣，增加室內的氧氣含量。

### 光照

不死鳥喜歡溫暖、通風的環境，喜陽光充足但不能被強光直射。如果將其放在室內時間過長，容易造成植株徒長柔弱，生長不良。冬季室外氣溫低時，可以移至室內，保證其能安全越冬。但是氣溫回升、有光照時，要放回原處，不然會影響不死鳥的健康生長。

### 澆水

不死鳥非常耐旱，即使 1 個月不澆水也能存活。但是它非常忌過濕的環境，所以切勿澆水過多，否則容易導致根部腐爛。

### 土壤及施肥

不死鳥對土壤沒有太多要求，哪怕只是薄薄一層土，它也能存活，只要能保持通風透氣即可。不死鳥對於肥料要求也較低，只要在生長期適當給些緩釋肥就能讓不死鳥茁壯成長。

**TIPS**

### 不死鳥繁殖時的要點

不死鳥繁殖時可以選擇扦插的方法，首先要選擇一片健康的葉片，要枝葉飽滿，葉面沒有傷痕，沒有受過蟲害的侵蝕。選擇好葉片後，先將其晾置 2~3 天，種植時將葉片平置於扦插基層表面，葉柄少量埋於土中即可。

### 植物小檔案

不死鳥也屬多肉植物中的一種，原產於非洲，其生命力非常頑強，只要有一點點土粉就能讓其繁衍生長，並且生長速度特別快，可以說它是名副其實的「不死鳥」。紫色斑點的葉片讓它神秘而又高貴。

易活度
★★★★★

生長溫度
0 ～ 30 ℃

適宜擺放
客廳、書房

# 飛鳥老師種植課堂 Q&A

種植課堂

## Q1 盆栽裏突然出現蟻巢怎麼辦？

①用清水一桶，將受害的盆景或盆花慢慢地下沉到桶底（水面浸過盆頂即可），過半小時，將水中的螞蟻全部除去。②或取適量大蒜去皮，用菜刀拍碎成小塊，以等距離埋入盆土中，2~3天後，螞蟻便會逃逸，對花木生長並無影響。③用70%的滅蟻靈粉，直接撒於有蟻群的土面或蟻巢、蟻道周圍，或攔成餌料撒施。此外，用林丹、氯丹、七氯等粉劑噴施在蟻群活動土面，也有良好效果。

## Q2 盆栽土裏有一些小飛蟲該怎麼辦？

①用煙頭泡水，然後用水澆花，很快就可以去除小飛蟲。一般而言，10個左右煙頭配500毫升水即可。②用花椒泡水澆花也可以除蟲。③化學防治：可以選擇殺蟲劑，一般市場上都有銷售。④利用蟲子的化學趨性，使用糖醋液誘殺。⑤從源頭上杜絕這種小蟲出現的可能。一般小飛蟲的出現都是因為在施用動物性肥料如牛奶水、蛋殼時出現。所以，平時儘量不要使用沒有腐熟的肥料。

## Q3 盆邊或者盆裏出現青苔需要處理嗎？

盆栽裏出現青苔對植物的生長弊多於利。因為青苔長得細密如氈毯、濕度高，成為傳染病害的昆蟲的理想寄居地；青苔會瓜分有限的肥料；青苔阻擋了植物根部的通風透氣；青苔遮擋了盆面基質有限的散射光照。正由於青苔阻擋和爭奪了植物生長的最主要因素——光照、水肥和空氣，因而需要及時將其清除。

## Q4 多肉植物爛根怎麼辦？

多肉植物出現爛根，大部分原因是澆水過多而引起的。因為它們多為生長在乾燥地帶的野生品種，不需要太多水分，所以一定要控制澆水量，尤其在南方雨季來臨時更要注意防範。如果要確認土壤是否乾燥，可用雙手捧起花盆，與濕度適宜時的狀態相比較，如果感覺花盆明顯變輕，則説明植物缺水，可以適量澆水了。

## Q5 盆栽的宿根草冬季時如何管理？

地表部分會枯萎的宿根草在冬季進入休眠期後，根部狀態看起來會毫無變化，導致經常使人忘記澆水。雖然植物冬季時根部的活動減弱，且需要乾燥的環境，但仍然要適度地澆水。可以控制在每 7-10 天澆 1 次。如果使用的是素陶的小花盆，可將它的一半埋入大花盆或是庭院的土壤中，既保水又保溫，管理起來十分方便。

## Q6 為甚麼電視機旁不能放盆栽？

電視機旁不宜擺放盆栽。首先是盆栽要經常澆水，其中的水分使電視機有受潮的可能，影響其使用壽命。其次是對於盆栽來說，電視機在使用的時候，它的顯像管會不斷放出射線，這些射線很微弱，對人體沒有太多危害，但是對於旁邊擺放的盆栽來說，危害卻不小。這些射線會破壞植物的組織細胞，妨礙植物的正常生長，還會使花卉植物變得開花不艷，容易枯萎。所以盆栽距離電視機起碼要保持 2 米以上的距離，才能避免其受害。

# 辦公室最容易養的植物
## 工作區的健康小幫手

　　穿梭着忙碌身影的辦公室，似乎總缺少些溫馨與活力氣息。桌邊冒出的一盆綠色盆栽，正好放慢了辦公室內冰冷而快速的節奏。它大無畏地吸收着室內有毒和壓抑的氣體，是工作區不可或缺的健康小幫手！

# 狼尾蕨 ——形態瀟灑的盆栽小寵——

每天在寫字樓中忙碌的白領們也許沒有時間精心照顧你的植物，也沒太多時間陪它一起曬曬太陽，這款喜陰的蕨類植物可以成為你的盆栽小寵。

## 養護小秘訣

### 小盆栽 大健康

狼尾蕨具有很高的觀賞價值，其根莖還能入藥，有祛風除濕的功效。建議在電腦顯示器和打印機周圍都可擺上一盆狼尾蕨，因為它可以吸收這些機器中釋放的二甲苯和甲苯。

### 光照

狼尾蕨為長綠草本附生蕨類，喜溫暖半陰環境，適合散射光照，不能讓陽光直射，否則易萎蔫捲曲。家庭種植時，將它置於室內陽光明亮的地方即可。

### 澆水

狼尾蕨宜保持盆土濕潤，生長季節水分應供應充足，一般 2~3 天澆水 1 次即可。雖然要保持土壤濕潤，但對狼尾蕨來說，澆水間隔期間輕度的乾燥也是無妨的。狼尾蕨也不能澆水過多，水分過多可導致葉片脫落。

### 土壤及施肥

土壤以疏鬆透氣的沙壤土為佳，狼尾蕨對肥料的需求不高，不喜濃肥，在養護的過程中可以少施一些稀薄肥。

**TIPS**

**如何選購一盆健康的狼尾蕨**

購買盆栽或吊盆植株時，一是植株要求端正，不凌亂，葉片青翠、光亮、無缺損；二是羽狀葉深綠色、輕盈、堅硬，沒有黃葉和病蟲為害痕跡；三是其羽狀葉開展，兔爪狀根莖外露，攜帶時要防止葉片和根狀莖折斷。

**植物小檔案**

狼尾蕨又叫「兔腳蕨」，屬多年生落葉性蕨類植物，由於其匍匐性根莖伸出蕨葉像兔爪腳一樣而得名；又因其外露粗壯的根莖似松鼠腳，故又有「松鼠腳蕨」的名稱。狼尾蕨為骨碎補科骨碎補屬植物，葉面平滑濃綠，富光澤。

易活度
★★★

生長溫度
20～26℃

適宜擺放
洗手間、走廊

# 鳳尾蕨 —— 鮮嫩碧翠的裝點好手 ——

具備觀賞及藥用價值的鳳尾蕨，讓新鮮、嫩綠的枝葉裝點你的家居，讓你時刻徜徉在滿滿綠意之中。

 ## 小盆栽 大健康

鳳尾蕨可以吸收空氣中的甲醛等有害物質，如果室內剛裝修完畢，還殘留着油漆、塗料等的味道，或者身邊有吸煙者，最好在室內擺上至少一盆鳳尾蕨。

 ## 光照

鳳尾蕨喜歡充足的光照，也耐半陰，適宜生長在晝溫 16~28℃、夜溫為 10~15℃ 的環境裏。隨着季節變化控制對鳳尾蕨的光照量，如果光線過強會導致其葉緣發焦、脫落，葉片捲縮，阻礙生長。

 ## 澆水

鳳尾蕨喜歡稍微潮濕的環境，極耐乾旱，但怕積水。在其生長季節，一般可以 2~3 天澆 1 次水。對於鳳尾蕨來說，需要保持土壤的濕潤，但是澆水間隔期間，土壤輕度乾燥也不會有太大影響。不宜澆水過多，不然會造成鳳尾蕨葉片脫落。

 ## 土壤及施肥

鳳尾蕨喜歡生長在肥沃且排水良好的鈣質土壤中，所以其種植的土壤要保持濕潤，但是不能太過積水。在土壤中可摻雜少許沙子，增強土壤的透水性。

**TIPS**

### 鳳尾蕨的觀賞價值

鳳尾蕨儘管沒有鮮艷的花朵，但是它枝葉嫩綠，姿態萬千，特別適合用於觀賞。中國有很豐富的鳳尾蕨資源，人們通過奇思妙想，將鳳尾蕨與很多裝飾物結合，比如搭配假山、小動物等物件，或作為插畫的襯托葉，是裝點家居的好手。

### 植物小檔案

鳳尾蕨的名字來源於它的葉形，它顏色嫩綠，極有風姿，常常與假山等飾物搭配，組成賞心悅目的物件，用於裝點書桌、茶几等處。鳳尾蕨可以入藥，具有清熱利濕、涼血解毒、降血壓等功效。

易活度
★★★★

生長溫度
16～28℃

適宜擺放
陽台、客廳

# 鈕扣蕨 ——外形獨特的可愛植物——

　　不要看鈕扣蕨植株矮小，它的整體外形可是非常可愛，而且也比較好種植，適合盆栽新手入門時選擇。

## 養護小秘訣

###  小盆栽 大健康

嬌小可愛的鈕扣蕨可以擺放在桌面上，也可以選擇垂吊的方式展現身姿。它具有吸收甲醛的能力，是淨化空氣的小能手。

###  光照

鈕扣蕨喜歡溫暖半陰的環境，太陽直射會導致其萎蔫，建議選擇散射光照。其適宜生長的溫度為 20~28℃，夏天中午要加強遮陰和通風，冬天時可以將其放到陽光充足的地方曬一曬。

###  澆水

鈕扣蕨比較耐旱，如果其缺水，只要給它充足水分浸泡，即可讓其回春。鈕扣蕨的盆土應儘量保持濕潤，生長季節水分應該充足，一般 2~3 天澆 1 次水，但不宜過多。

###  土壤及施肥

種植鈕扣蕨的土壤選擇腐質土較好，可以將培養土、粗沙和腐熟肥堆以 1：1：1 的比例混合作為土壤。春夏季節可以每月施肥 1 次，但不要太濃，以免傷害鈕扣蕨的根系。

 **TIPS**

**鈕扣蕨的濕度管理**

鈕扣蕨適合在濕度較高的環境中生長，不耐乾燥，過於乾燥的環境會造成其葉片邊緣枯黃，甚至枯死，所以在種植期間要經常給其生長環境噴水增濕，其濕度最好保持在 75~80%。

### 植物小檔案

鈕扣蕨屬小型植物,主要分佈在
亞熱帶地區,原產地為新西蘭。
它的葉片光滑,其形狀猶如成排
的鈕扣,所以得名。由於可愛生
動的外觀,它也是蕨類植物中最
受人喜愛的品種之一。

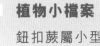

易活度
★★★

生長溫度
20 ～ 28 ℃

適宜擺放
辦公桌、玄關

# 波士頓蕨 ——鬱鬱蔥蔥的淨化能手——

波士頓蕨可以放在客廳中、書房裏，以及家中的各個角落，它們展開鬱鬱蔥蔥的綠色懷抱，讓清新撲面而來。

## 養護小秘訣

### 小盆栽 大健康

波士頓蕨被譽為「最有效的生物淨化器」，它每小時大約能吸收 20 微克的甲醛，此外還能去除甲苯、二甲苯等。所以在剛裝修好的家裏，可以擺上幾盆波士頓蕨，用最天然的方式來淨化空氣。

### 光照

波士頓蕨喜歡溫暖半陰的環境，適合散射光照，隨着生長週期的變化，光照的量也逐步增加，但是應避免陽光直射，以免因過強光線導致葉片發黃、捲縮，妨礙生長。波士頓蕨適宜的生長溫度為 18~35℃。

### 澆水

波士頓蕨需要充足的水分，盆土最好經常保持濕潤，如果其經常缺水，容易出現葉片枯萎與脫落。夏天每天澆水 1~2 次，經常給葉面噴水。

### 土壤及施肥

土壤可以選擇腐葉土、園土、河沙混合而成的培養土，不需要太多肥料，生長期每 4 週施 1 次稀薄腐熟餅肥即可，不宜使用速效化肥。

**TIPS**

### 波士頓蕨的主要病蟲害

波士頓蕨主要容易受到葉斑病和猝倒病的危害。其中葉斑病容易在春季感染，當發現被感染時，應及時除去植物病組織，集中燒毀，並噴灑適量藥物，防治病害蔓延。威脅波士頓蕨的蟲害主要有毛蟲、蚧殼蟲和線蟲等。

## 植物小檔案

波士頓蕨原產於熱帶及亞熱帶地區，在台灣也有分佈。其根莖直立，葉片展開後下垂，所以波士頓蕨是一種下垂狀的觀葉植物，適宜盆栽並吊掛着觀賞，經常被用來裝飾室內。

易活度
★★★★

生長溫度
18 ～ 35 ℃

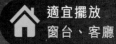
適宜擺放
窗台、客廳

# 小仙女 ——不得不愛的清新蘿莉——

　　小仙女默默裝飾着你的家居，極富詩情畫意，它靜靜地佇立在角落，卻掩飾不了其清新、美麗的仙女氣質。

## 養護小秘訣

###  小盆栽 大健康

小仙女是最近流行的室內觀葉植物，之所以流行，不僅因為其強大的裝點居家的能力，還因為它能適當清除空氣中的粉塵，改善空氣質量，淨化室內的環境。

###  光照

小仙女喜歡半陰的環境，但如果光照太弱，會導致其葉片上的葉脈模糊，葉色灰白，觀賞性減弱。而陽光的照射也不宜太過強烈，以免使其葉片灼傷。小仙女不耐寒，適宜生長的溫度為 25~30℃。

###  澆水

小仙女喜歡充足的水分，所以其土壤要經常保持濕潤。在適宜生長的春天和夏天，需要大量地澆水，可以向其葉片直接噴水。在秋冬季節，小仙女處於生長停滯期，此時需減少澆水量。保持盆土的適當乾燥，有利於小仙女的安全越冬。

###  土壤及施肥

土壤要求保持疏鬆、肥沃，並有良好的排水性，可用腐葉土或泥炭土。在小仙女的生長期，每週可施肥 1 次，使用氮、磷、鉀混合搭配使用，其中以氮肥為主。

**TIPS**

### 小仙女的藥用價值

小仙女不僅可以用來觀賞，還具有很好的藥用價值。它可以切細後與米一起炒，加入糖煮食，可以治療女性疾病；如果遇到風熱頭痛，可以將小仙女切片，貼在患處；若被蜈蚣、毒蛇咬傷，可以將 100 克小仙女加上 50 克生油柑木皮，用鹽水和藥搗爛，用濕紙包裹煨熱敷於患處。

**植物小檔案**

小仙女又叫天南星科觀音蓮，原產於亞熱帶地區，株型緊湊直挺，葉片寬厚，葉脈清晰，葉色鮮亮，是很好的觀賞植物，受到許多人的喜愛。

🌱 易活度
★★★★★

☀ 生長溫度
25 ～ 35℃

🏠 適宜擺放
辦公桌、臥室

# 胡椒木 ——垂涎欲滴的濃烈香氣——

胡椒木，帶着它特別的香氣強勢來襲，吸引你的感官，讓四周籠罩在它濃烈的氛圍之中，神奇且充滿趣味。

## 養護小秘訣

### 小盆栽 大健康

胡椒木葉色濃綠細緻，散發着特別的香氣，全株具有濃烈的胡椒香味，能去除空氣中的異味。而且胡椒木喜歡光照，葉片經過光合作用，能釋放氧氣，增加空氣中的氧氣含量。

### 光照

胡椒木屬陽性植物，喜歡光照的環境，春季、秋季和冬季應該給予充足的陽光照射，在夏季可以適當遮陽，避免過強的陽光將其灼傷。如果是放在室內，要儘量選擇採光好的客廳、臥室、書房等場所來擺放。胡椒木適宜生長的溫度為20~32℃。

### 澆水

胡椒木喜歡略乾燥或濕潤的環境，但不耐水澇。在春季、夏季和秋季這三個生長旺季，每隔2~3天可以給胡椒木澆1次水。冬季休眠期可以少澆水，保持盆土微潮即可。

### 土壤及施肥

每隔2~3天可以給胡椒木澆1次水，當第3次澆水時，可隨水追施充分發酵腐熟的有機肥稀釋液，然後再依照順序重複前3次的肥水措施，如此循環澆水施肥的順序，能較好地滿足胡椒木的生長需要。

**TIPS**

### 如何管理溫度與濕度

胡椒木的生長環境中，其濕度應保持在50~70%，可以稍偏濕潤。胡椒木喜歡溫暖，但是不能太過炎熱，特別在夏天的時候，高溫悶熱的天氣不利於它的成長；在冬天的時候，溫度也不能低於10℃，這樣胡椒木就不能安全越冬了。

## 植物小檔案

胡椒木是從日本引入的，現在常常種植於長江以南地區。其小葉對生，呈倒卵形，葉色濃綠，葉面富有光澤，整株生長的葉子密密麻麻，葉子的數量為奇數。胡椒木非常耐熱、耐寒、耐風等，也特別容易移植，還會散發濃烈的胡椒香味。

易活度
★★★★

生長溫度
20 ～ 32 ℃

適宜擺放
玄關、走廊

# 幸福樹 ——綠意贈予的滿滿幸福——

象徵平安、幸福的幸福樹，光聽名字就能感受到它滿滿幸福寓意。將其送給友人，也是一種很美好的幸福小物。

## 養護小秘訣

### 小盆栽 大健康

幸福樹葉片青翠，放在家裏或者辦公室中，眼睛疲勞的時候看一看，可以有效緩解眼部的緊張感。它還能適當淨化室內的空氣，對於不經常開窗的室內，可以擺上幾盆幸福樹來改善空氣質量。

### 光照

幸福樹喜歡陽光，可以全日照，也可接受半陰的環境。如果長時間放在光線暗淡的室內，容易造成葉片脫落，所以要將其放置在能接受光照的陽台或窗前。幸福樹適宜生長的溫度為 20~30℃。

### 澆水

種植幸福樹時，最好保持一個濕潤的盆土環境。高溫季節時，每天要給幸福樹噴水 2~3 次，為其創造一個涼爽濕潤的環境。冬天時可以少澆水，以免出現積水爛根的現象。

### 土壤及施肥

土壤要保持疏鬆、肥沃，具有良好的排水性，並選擇富含有機質的培養土。在生長季節，要為其鬆 1 次土，確保根部始終保持良好的通透狀態。

TIPS

**如何防治葉斑病**

幸福樹處於高溫、高濕的環境中，容易患葉斑病。所以在種植幸福樹時，要保持環境的通風，避免葉面長時間滯水。如果發現已感染葉斑病，要儘快摘除病葉，並每半個月噴灑 1 次濃度為 50% 的多菌靈可濕性粉劑 600 倍液，連續 3~4 次。

**植物小檔案**

幸福樹在中國主要分佈廣東、海南、廣西等地,在國外則分佈在菲律賓、印度等國。它的葉子呈現卵形至卵狀披針形,葉子頂端尾狀漸尖,基部闊楔形。它的根、葉子和果實都能入藥,具有很好的藥用價值。

易活度
★★★★★

生長溫度
20～30℃

適宜擺放
電視牆前、沙發旁

# 鴨腳木 —— 天然的空氣淨化器 ——

鴨腳木象徵着自然、和諧，它具有堅韌的生長力，顯示出一種欣欣向榮、大地新生的感覺，讓人對生活變得樂觀向上。

## 養護小秘訣

 ### 小盆栽 大健康

鴨腳木的葉片可以從煙霧瀰漫的空氣中吸收尼古丁等有害物質，並通過光合作用將這些有害物質轉化為無害的植物自有的物質。此外，它還能有效降低空氣中甲醛的濃度。

 ### 光照

鴨腳木喜歡溫暖濕潤和半陰的環境，其在全日照、半日照或半陰情況下都能生長。但是光照的多少會影響它的葉色，光照強時，葉色偏淺，光照弱時，葉色濃綠。

 ### 澆水

鴨腳木喜濕怕乾，充足的水分能保證其生長茂盛。但是水分太多，又會給其造成水漬，引起爛根；缺水時，會導致葉片脫落。所以要經常保持土壤濕潤，不能等乾透才澆水。梅雨季節時，要防止花盆中長期積水。

 ### 土壤及施肥

土壤最好是肥沃、疏鬆的土壤，具有良好的排水性為宜。可以選擇泥炭土、腐葉土和粗沙的混合物作為土壤。在生長期可以每 1~2 週施 1 次液肥。

 **TIPS**

### 鴨腳木的擺放地點

鴨腳木適合用於製作小型或大型的盆栽，所以不論是家裏的客廳、書房，還是博物館的展廳、酒店的大廳，都可以擺放鴨腳木盆栽，來呈現自然和諧的綠色環境。

**植物小檔案**

鴨腳木是熱帶及亞熱帶地區的一種常見植物，其枝條緊密、葉片呈長卵形，四季常綠並富有光澤。鴨腳木原產於東南亞群島一帶，引種到英國後，又擴大到歐洲其他地區和美洲。

🌱 易活度
★★★★★

☀ 生長溫度
15～28℃

🏠 適宜擺放
辦公桌、茶几

# 瑪麗安 ——斑紋獨特的裝點小物——

瑪麗安擁有獨特的斑紋，是點綴客廳、書房等處的極佳選擇，能帶給人一種幽雅、舒適的感覺。

## 養護小秘訣

 ### 小盆栽 大健康

瑪麗安為常綠植物，葉片偏大，在光合作用下，可以有效吸收室內的二氧化碳，釋放出氧氣，還可有效吸收其他的廢氣，改善室內空氣質量。

 ### 光照

瑪麗安耐陰怕曬，如果陽光太強，會導致葉面變得粗糙，甚至灼傷。春季和秋季早晚可以直接在陽光下照射，但是中午陽光強烈的時候，或者夏季的時候，需要給瑪麗安適當遮陰。冬天時，要注意給其保溫。瑪麗安適宜生長的溫度為25~30℃。

 ### 澆水

瑪麗安喜濕怕乾，所以盆土要經常保持濕潤。在其生長期間，要充分澆水，如果水分不夠充分，葉面容易長得粗糙且沒有光澤。

 ### 土壤及施肥

栽培的土壤以肥沃、疏鬆且排水良好的含有機質土壤為宜，可以用腐葉土和粗沙等混合而成。在瑪麗安生長旺盛的時期，可以每10天施1次餅肥水。春季至秋季每1~2個月施1次氮肥能促進葉色更富光澤。

**瑪麗安的繁殖方法**

瑪麗安可以採用扦插繁殖法，在每年7~8月的高溫時期，剪取莖的頂端7~10厘米，切除部分葉片，插在沙床上，15~25天左右能生根，等待莖上萌發新芽後，就能移植到花盆裏。在此期間要保持空氣的濕度和溫度在較高的水平。

## 植物小檔案

瑪麗安原產於美洲的熱帶地區，其葉
片呈現長橢圓形，葉面是乳白色或乳
黃色的斑紋，葉片邊緣是青翠的綠色
環繞，為其增色不少。由於枝幹纖長，
瑪麗安也常常搭配玻璃器皿來水培，
有潔淨清爽的感覺。

**易活度**
★★★★★

**生長溫度**
25 ～ 30 ℃

**適宜擺放**
茶几、書桌

# 小天使 —— 大方清雅的室內擺設 ——

寧靜思遠的小天使，葉態優雅，大方清雅，極具熱帶雨林的氣息，作為室內擺設，是給室內增色的最佳選擇。

## 養護小秘訣

 ### 小盆栽 大健康

小天使是四季常綠的植物，在不經常開窗通風的家中，擺上一盆小天使，可以很好地改善室內的空氣質量。

 ### 光照

小天使耐陰，害怕強光，遇到強烈陽光暴曬會導致葉片焦黃，甚至乾枯。所以半陰明亮的光照環境，更能使小天使茁壯成長，葉色更加鮮明。需要注意的是，給小天使遮陰的程度也要適當，否則反而會造成徒長、倒伏。

 ### 澆水

小天使對水的要求很高，喜歡濕潤的環境。由於生長的需要，需要始終保持盆土的濕潤，不能等到乾透了才澆水，而且澆水就要澆透。

 ### 土壤及施肥

栽培小天使時，以肥沃、疏鬆和排水良好的微酸性沙壤土為宜。由於其長勢較快，需要大水大肥，但是盆栽由於土壤較少，不能一次性施入大量肥，可以採取薄肥勤施的方法。生長期以氮肥為主，磷肥、鉀肥搭配一起使用。

**TIPS**

### 小天使對溫度的要求

小天使適宜的生長溫度為 18~30℃，冬季溫度不低於8℃。夏季炎熱，可以給小天使使用必要的降溫設施，或將其放置在遮陰及通風的地方，並補充葉面和地面的水分。冬季溫度過低時，要對其加強保護，保溫或加溫，使之安全越冬。

## 植物小檔案

小天使原產於巴西，植株四季蔥翠，綠意盎然，是室內主要的觀葉植物。小天使的葉柄較長，葉片呈現深綠色，喜歡濕潤的環境，所以在種植它時，要注意澆水量以及擺放的位置是否合理。

易活度
★★★★★

生長溫度
18 ～ 30℃

適宜擺放
沙發旁、玄關

# 迷迭香 ——芳香四溢的多面能手——

　　迷迭香被視為愛情和友誼忠貞的象徵。它清新自然，具有一定的穿透力，給人乾淨、清爽的感覺。

## 養護小秘訣

 ### 小盆栽 大健康

迷迭香具有特別的怡人香氣，是消除異味的能手，所以也經常被用於空氣清新劑中。它還是很好的抗氧化劑，被廣泛應用於醫藥、食品和日用品中。

 ### 光照

迷迭香喜歡溫暖的氣候環境，夏季溫度不宜過高，若放在會曬到太陽的地方，陽光強烈時要注意遮陰；冬季溫度不宜過低，溫度太低時要注意給迷迭香做好防護工作，確保其能安全越冬。

 ### 澆水

迷迭香具有一定的耐旱性，盆土乾燥時澆水，並一次澆透。夏季室外陽光強烈時，可以每天澆1次，半日照可每2天澆1次，冬季時3~4天澆1次即可。

 ### 土壤及施肥

以富含沙粒、排水性良好的土壤為宜，有利於迷迭香的生長發育。迷迭香較耐瘠薄，幼苗期可根據土壤條件不同施少量的複合肥，施肥後要將肥料用土壤覆蓋。

 **TIPS**

### 迷迭香的病蟲防治

迷迭香在潮濕的環境中容易患根腐病等疾病，如果出現這種情況，應將迷迭香立即移出潮濕的環境。迷迭香容易遇到白粉虱等害蟲，所以之前就要做好害蟲的防治工作，要注重迷迭香的衛生情況、水分和溫度等管理，要經常觀察其的生長狀況。

### 植物小檔案

迷迭香原產於歐洲和非洲北部地中海沿岸。它具有良好的抗氧化功能,被廣泛用於醫藥和飲食中。它還具有獨特的香味,使其常用於香料、空氣清新劑、驅蚊、殺菌等產品中。迷迭香生長緩慢,生命力較弱,所以種植它的時候要非常用心。

**易活度**
★★★

**生長溫度**
20～24℃

**適宜擺放**
陽台、走廊

# 羽葉薰衣草 —— 芳香陶醉的香氣 ——

薰衣草總是與愛情有着緊密聯繫，它的花語是「等待愛情」，在愛爾蘭有用它來祈求好運的習俗。據說將一小袋薰衣草放在身上，還可以找到期盼已久的夢中情人。

## 養護小秘訣

 ### 小盆栽 大健康

在家中種植羽葉薰衣草，可以感受那特別而優雅的芳香，令人心曠神怡。羽葉薰衣草不僅可以入藥，用它提取的精油更是具有鎮靜、抗菌等多種功效，在美容養顏方面也是作用顯著。

 ### 光照

羽葉薰衣草為全日照植物，但是夏季陽光強烈，所以必須遮陰，以免出現葉片灼傷等情況。一般要放在通風較好的地方，防止在室內太過濕悶。羽葉薰衣草具有一定的耐寒性，但是其半耐寒，不耐積雪，冬季溫度太低時要對其加以防護。

 ### 澆水

對於羽葉薰衣草不宜澆水過多，待盆土乾燥後再澆水即可。澆水時，水不要直接澆在花和葉子上，否則容易造成花葉腐爛或滋生病蟲害。

 ### 土壤及施肥

羽葉薰衣草不喜歡有積水，不耐水澇，所以栽培用土需要有良好的排水性。施肥時可以將骨粉放在盆土內當作基肥，成株後再施用含磷肥較高的肥料即可。

**TIPS**

### 羽葉薰衣草的修剪

待羽葉薰衣草開花後，在花下的第一個節處剪去，並順勢將整株植物修剪成半球形。平時若是有枯枝，可以隨時剪去。修剪好的羽葉薰衣草，為了繼續保持其形狀，可以在每年夏末初秋的時候重剪。

### 植物小檔案

羽葉薰衣草原產於加那利群島，
一年四季都開花，花無香味，其
香味主要來自於葉子，其味類似
於迷迭香和天竺葵的混合香氣。

易活度
★★★

生長溫度
15 ～ 25 ℃

適宜擺放
窗台、陽台

# 薄荷 ——沁人心脾的清爽感覺——

薄荷常常出現在我們的生活中，也許是窗台邊，也許是餐桌上，它獨具的那股清新味道和氣質總讓人不能抗拒。

## 養護小秘訣

 ### 小盆栽 大健康

薄荷全株清新芳香，具有提神醒腦、清熱解毒的療效。用其提取的精油，對家居環境有一定的影響，用於蒸熏，可以改善頭痛、治療感冒、緩解鼻塞等。

 ### 光照

薄荷喜歡陽光，可以長時間日照，有利於薄荷油、薄荷腦的積累。適宜生長的溫度為 25~30℃，氣溫過低會影響生長速度。

 ### 澆水

薄荷在生長前期需要的水比較多，所以在其生長初期、根系尚未形成的時候，應多澆水，一般 15 天左右澆 1 次。當薄荷的苗長出，一直到其長大，可減少澆水次數，適量澆水即可。

 ### 土壤及施肥

薄荷對土壤的要求不嚴格，一般性的土壤都能種植，但是需要其有良好的排水性，以及酸鹼度不能過重，以沙壤土、沖積土為宜。

**薄荷的種類**

根據莖杆顏色與葉子形狀的不同，薄荷可分為青莖型和紫莖紫脈型。青莖型的薄荷花冠為白色微藍，地下莖和鬚根入土深，揮發油產量較穩定。紫莖紫脈型的薄荷花冠為淡紫色，地下莖和鬚根入土淺，揮發油產量不穩定，但其薄荷腦含量較高，油質比青莖型的薄荷好。

## 植物小檔案

薄荷廣泛分佈於北半球的溫帶地區,它是一種芳香作物,全株清新芳香,是餐桌上常用的配菜,也是常用的中藥之一。它具有清爽可口的特點,能治療流行性感冒、頭痛、牙齦腫痛等症,用來泡茶還能達到清心明目的效果。

🌱 易活度
★★★★★

☀ 生長溫度
25～30℃

🏠 適宜擺放
陽台、書桌

# 松紅梅 ——剛毅與優雅的完美結合——

　　松紅梅的松葉狀葉子，展示出松樹般的剛毅性格，而其美艷的花朵，又透露出幾絲醉人的優雅，可謂剛柔的完美結合。

## 養護小秘訣

### 小盆栽 大健康

松紅梅有美化居家環境、減少室內粉塵的作用。用其提取的精油，具有抗病毒、抗黴菌等強力殺菌的功能，可以用來治療各種呼吸道疾病。把其用於芳香療法，能治療各種疾病。

### 光照

松紅梅喜歡陽光充足的環境，耐旱性較強，但是在高溫的夏季，還是要避免烈日暴曬，為其適當遮陰，在其他季節保持給予充足陽光。其適宜生長的溫度為18~25℃。

### 澆水

松紅梅的盆土平時要保持濕潤，但是其很怕盆土積水，所以要根據天氣變化及生長情況來靈活掌握澆水量。一般情況下，不乾不澆，到了雨季要特別注意排水。

### 土壤及施肥

松紅梅對土壤的要求不嚴，但選擇疏鬆、肥沃、排水良好和富含腐殖質的微酸性土壤最好。在生長期間可以每 1~2 個月施 1 次腐熟的稀薄液肥，每年花謝後應在盆底放入有機肥，可以保證其生長強壯。

**TIPS**

### 松紅梅的藥用價值

松紅梅不僅外表秀美，具有觀賞價值，還有重要的藥用價值。它具有抗病毒、抗黴菌等作用，對各種呼吸道疾病有一定療效。在國外，人們經常使用松紅梅來提取精油，通過芳香療法治療各種疾病。

## 植物小檔案

松紅梅原產於新西蘭和澳洲，因為其葉子像松葉、花朵似紅梅而得名。每當它開花的時候，可以看到它的花朵雖然不大，卻艷麗奪目，只需搭配簡約的花器就十分具有觀賞價值了。

🌱 易活度
★★★★

☀️ 生長溫度
18 ～ 25 ℃

🏠 適宜擺放
電視牆前、陽台

# 小龍角 —— 外形俏皮的可愛萌物 ——

多肉植物一直備受大家的喜愛，外形俏皮的小龍角，萌萌的、肉肉的，是名副其實的可愛小物，一定會萌翻你的窗台。

## 養護小秘訣

###  小盆栽 大健康

小龍角不僅可以放置在客廳或者書房，作為美化居家的裝飾物，還可以放置在臥室內，作為淨化空氣的工具。其夜間釋放出的氧氣，更利於人的睡眠。

###  光照

小龍角喜歡陽光充足的環境，耐乾旱，不耐寒，怕高溫。所以夏季陽光強烈的時候，不能將其放置在陽光下長時間暴曬，以免造成曬傷。在其他季節可以適當給小龍角充分的日照，有助於它的生長。

###  澆水

小龍角喜歡乾燥的環境，怕水濕，盆中千萬不能積水。一般 10~20 天澆 1 次水，澆水後不能將植物放在陽光下暴曬，要放置於低光照的陰涼處。

###  土壤及施肥

選擇透氣、排水良好、不易結塊的土壤為宜。可以將肥料溶於水中，澆水的同時即可施薄肥。

**小龍角種植教程**

種植小龍角前，先在空盆中倒入適量營養土，植入植物，將植物根部埋進土中，放置好後，在土面鋪上盆面基質，清潔植物上的雜質，讓小龍角煥然一新，最後給其澆上適量水即可。

### 植物小檔案

小龍角屬蘿藦科水牛掌屬的多肉
植物，植株群生，外形極像龍角，
所以得名。小龍角在冬季長勢會
較慢，對於澆水量要看養護環境
來決定，光少要控水。蘿藦科的
花會帶一定氣味。

易活度
★★★★

生長溫度
25〜32℃

適宜擺放
辦公桌

# 雪花蘆薈 ——美容養顏的夢幻雪花——

　　身穿雪花外衣，仿佛從冰雪中走出的公主，它不僅溫婉動人，還可以滋潤肌膚，美容養顏。

## 養護小秘訣

 ### 小盆栽 大健康

蘆薈一直有空氣淨化專家的美譽。一盆小小的蘆薈，不僅可以吸收甲醛，還能吸收二氧化碳、二氧化硫等有害物質，其中對甲醛的吸收能力特別強。當室內的有害空氣過多時，蘆薈的葉片上會出現不良反應，這時只要在室內多加幾盆蘆薈即可。

 ### 光照

雪花蘆薈喜歡陽光，但是要適量，避免強光直射或者過度陰蔽。其適宜生長的溫度在 20~30℃。如果溫度低於 10℃，雪花蘆薈會停止生長，溫度低於 0℃，它會萎蔫死亡。

 ### 澆水

雪花蘆薈有較強的抗旱能力，但是在其生長期間需要充足水分，土壤應保持濕潤，但不能過於潮濕，特別是不能積水，以免出現爛根的情況。

 ### 土壤及施肥

雪花蘆薈的種植中需要氮磷鉀和一些微量元素，所以其土壤可以使用發酵的有機肥，蚯蚓糞肥非常適宜，能保持雪花蘆薈的綠色天然狀態。

**雪花蘆薈的美容法**

雪花蘆薈中含有很多對人體有益的物質，例如其中的多糖與維他命，對皮膚能起到很好的美白滋潤作用。用雪花蘆薈來製作面膜敷於臉上，可以給皮膚保濕、消炎，能軟化角質，防止皮膚鬆弛，對粉刺、雀斑也有很好的療效。

## 植物小檔案

雪花蘆薈是蘆薈的一種，蘆薈原產於地中海和非洲等地區，非常易於栽種。它不僅具有觀賞性，還集食用、藥用和美容於一身，非常受到人們的喜愛。蘆薈本是純綠色，但是雪花蘆薈在葉片上有雪白的斑點，形似雪花，所以得名。

易活度
★★★★★

生長溫度
20 ～ 30℃

適宜擺放
陽台、窗台

# 仙人球 ——充滿陽光的草原風情——

　　火辣辣的太陽炙烤着大地，萬物不能對抗這強烈的陽光和乾燥的空氣時，一顆顆仙人球仍不屈不撓地挺立着，這麼頑強的生命，現在也跳進了小花盆，躍上我們的窗台。

## 養護小秘訣

### 小盆栽 大健康

仙人球具有很強的殺菌作用，在對付室內污染方面，是室內植物的極佳選擇。此外，仙人球在夜間還能吸收二氧化碳並釋放氧氣，有利於睡眠。

### 光照

仙人球喜歡充足的陽光，耐高溫、耐乾燥，溫度過低會導致其根系腐爛，但是在夏季陽光強烈的時候，也要避免強光的暴曬，要給其適當遮陰。如果是放在室內種植，可以用燈光照射，使之更加茁壯成長。

### 澆水

仙人球喜歡乾燥的環境，所以澆水不宜過多，不能讓盆土積水，尤其是在冬季更要節制澆水。春夏季節 1~2 個月澆 1 次水，秋冬季節 2~3 個月澆 1 次水即可。澆水時一定要澆透，最好能使用晾曬後的水來澆灌。

### 土壤及施肥

土壤要求排水性、透氣性好，可以使用含石灰質的沙土、腐葉土和粗沙混合製作種植的土壤。在盆底可以加墊少量的碎石，增加排水的流暢性。仙人球在換盆土時，可在盆底放入少量基肥。其生長期間每半個月施 1 次有機液肥，但是不宜過濃。

**TIPS**

### 如何給仙人球安全換盆

仙人球的根系較小，所以在花盆的選擇上不宜過大，盆徑應與仙人球的直徑接近。在換盆時，應先剪去部分老根，曬 4~5 天後再放入新盆中栽植。栽植時不用種太深，仙人球的球體根頸處與土面持平即可。

**植物小檔案**

仙人球原產於南美草原,眾所周知其擁有很強的生命力,也是一種莖、葉、花均有很高觀賞價值的綠色植物。仙人球的花一般在清晨或傍晚開放,能維持幾個小時至 1 天的時間。

易活度
★★★★★

生長溫度
20 ～ 35 ℃

適宜擺放
辦公桌、書房

# 龍王閣 ——株型秀美的四角小寵——

外形獨特的龍王閣，活脫脫是動畫中跑出來的可愛小寵，它頭戴四角，一副惹人喜愛的可愛模樣。

## 養護小秘訣

 ### 小盆栽 大健康

龍王閣是淨化空氣的小能手，放置在電腦桌上，不僅是萌翻桌面的小物，還能釋放氧氣，是人體健康的小助手。看着它可愛的造型，讓人的心情也不禁愉悦起來。。

 ### 光照

龍王閣喜歡溫暖乾燥的環境，需要給予充足的陽光，不耐嚴寒。適宜在 16~22℃ 的溫度間生長，冬天要做好保溫工作，溫度不能低於 12℃。

 ### 澆水

龍王閣能耐乾燥，但是在其生長期間澆水，要乾透澆透，切勿積水，以免植物發生腐爛現象。夏季天氣炎熱，但是也要控制好水分，不宜過多；冬季要保持盆土乾燥。

 ### 土壤及施肥

土壤可將泥炭、蛭石和珍珠岩混合而成。對於在生長期間的龍王閣，要保證肥水充足，每半個月可以施 1 次肥，但要注意適量，切勿過多。

 **TIPS**

**植物的趣味**

龍王閣的外形長得很有特點，十分可愛，非常適合栽植成小盆栽或搭配其他植物、飾物組合成盆栽組合，放在辦公室、書房、臥室等處，都十分亮眼，可以起到很好的點綴作用，有極高的觀賞價值。

**植物小檔案**

龍王閣為多肉植物，四角棱狀，棱邊有齒狀突起且都直立向上。龍王閣株型秀美，受到很多人的喜愛。在養護過程中，應將其放在光照充足、空氣流通的地方，更利於龍王閣的生長。

易活度
★★★★★

生長溫度
16～22℃

適宜擺放
陽台、書房

 **真的有能驅趕蚊蟲的盆栽嗎?**

是的,某些植物可以通過自身散發的氣味來驅蚊蟲,或者本身就具有撲食某些蟲類的功能,因而被很多人栽種為盆栽放在室內,來達到驅趕蚊蟲的目的。常見的薰衣草、天竺葵、七里香等都是通過各自散發的特殊氣味來達到驅蚊的效果;而豬籠草、食蟲草等植物則是通過自身的物理「捕蟲」能力來消滅令人討厭的蚊蟲。

 **能直接把瓜果皮埋進盆栽裏作植物的養料嗎?**

不行,原因如下:①只有通過發酵腐爛,瓜果皮才可以分解成植物可以吸收的營養物質;②發酵腐爛的過程伴隨高溫反應,對植物不利,就是通常說的燒根;③發酵腐爛的過程也會產生對植物有害的氣體。所以,瓜果皮需要經過發酵才能作為植物的養料。

 **為甚麼有的盆栽放在家裏會發黴?**

盆栽養在家裏發黴與環境的濕度、溫度和透氣性有很大的關係。高溫、高濕容易滋生細菌和黴菌,從而污染室內環境和人體健康,而黴菌是引發過敏、哮喘等呼吸系統疾病的禍根之一。所以要定期將室內的盆栽移到外面曬曬太陽,依據植物的需要澆水,水分過多不僅會滋生黴菌,也會導致植物溺死。

 **室內盆栽經常吹冷氣會不會出現問題?**

室內的盆栽和人一樣,如果一直呆在空調房內,也容易得「空調病」。如果是對着空調風口吹,植物表面的水分會大量揮發,出現萎蔫。空調房中空氣不流通,對植物的生長也無益。況且有些植物本身就是需要充足陽光照射的,例如海棠、吊蘭、富貴竹等,如果一直呆在空調房中,較大的溫差會將這些植物凍得「瑟瑟發抖」,使之枯萎、腐爛致死。

## Q5 球根植物如何混栽？

如果想將幾株球根植物混栽，搭配出更豐富的小盆栽，可以在選購幼苗時期就進行搭配，這樣會變得簡單便捷。若要從球根開始培育，將幾種植物的球根栽入同一個花盆，還要讓它們同時開花，是非常困難的。因此，需要將各種球根植物的每一株分別栽種到不同的育苗盆中。種植相同種類的植株時可稍稍錯開一些時間。待其開花後，再將各個育苗盆中的幼苗混栽到大號的花盆中。這樣，各種花朵競相開放的盆栽就做好了。

## Q6 出差時無人澆水怎麼辦？

首先要看看出差時間的長短，如果出差時間較短，可將所有盆栽澆足水後，放在背陰無風處，減少水分的蒸發；或在土壤表層鋪一層濕青苔，再蓋上一張塑料薄膜，更能減緩水分蒸發的速度。如果出差時間較長，可以在盆栽旁邊放一盆水，其略低於盆栽。然後將一條厚布帶一端浸在水盆中，一端放在盆栽的花盆孔底下，滋潤土壤。對於需要高濕環境的植物，可以找一個高於植物的深槽，裏面加入淺淺一層水，把植物置於其中。

# DIY 創意盆栽
## 給盆栽增添多種趣味

　　如果只會在一個普通的花盆中配上一棵單調的植物，那你就落伍啦！在盆栽中融入各種創意元素，嘗試將植物組合搭配，就可以讓盆栽變得精緻、時尚起來！

# 種植專家教你玩轉創意盆栽

肖喻軼是中國知名的盆栽植物創作人，她創作了眾多創意爆棚、美輪美奐的植物禮盒盆栽，並創辦了一家專門銷售創意盆栽的淘寶店「水木三秋」，其作品深受年輕人的喜愛和追捧。我們可以跟隨她的創作思路，來創作一個屬自己的創意盆栽作品。

## DIY 課堂

**當初是怎樣想到要做創意盆栽的？**

起初只想做一個鮮花店的老闆，一次偶然的機會瞭解到一款鮮花與苔蘚搭配的花盒，激發了自己創作的源泉。於是我馬上採購了一些野生苔蘚，竟發現了苔蘚在製作盆栽方面的無窮妙用，從此一發不可收拾。之後，我開始設計各類苔蘚盆栽，繼而發現各類小型觀賞植物通過一些巧妙的組合，也可以變身成各種惹人喜愛的萌物。

**做創意盆栽要如何選擇植物？**

選材是製作創意盆栽的開始，挑選健康及符合自己創意思路的盆栽，能更好地傳達所要表達的理念。植物與人一樣懂得情感的饋贈，有時候你以為一棵植物已經不行了，但是你精心呵護，也許過兩天後，你會驚奇地發現它們已經重生，所以挑選後的耐心養護也很重要。

**如何為友人製作一份創意盆栽？**

相信沒有人會不喜歡植物，所以通過自己的搭配以及精緻的禮盒作為祝福傳遞，通常都會讓朋友們欣喜不已。挑選最好的植物以及肥沃的泥土，用精緻的花器將它們組合在一起，根據收禮人的特點，為他們量身定做一款符合性格愛好的個性盆栽，是我們對朋友以及愛人最美好的祝福，這些小生命也將變得十分有意義。

## 製作創意盆栽前首先要做甚麼？

首先要確立創意盆栽的風格，不僅植物的風格要統一，搭配的飾品以及花器也要屬一種風格。在製作盆栽時，最好總結出要製作的主題，根據主題或是收禮人的性格喜好來制定風格。

## 如何挑選創意盆栽的容器？

容器的選擇對於盆栽整體風格起着很重要的作用，所以確立風格之後，先從最主要的容器開始挑選。如果選擇陶瓷類的容器，就比較適合做一些有古風的意境類盆栽；如果是玻璃容器，就比較適合做一些卡通場景類的盆栽。

## 製作創意盆栽時應該如何搭配植物？

在搭配植物時，要考慮到一個重要因素——生長習性是否一致。例如，盆栽裏同時種植了苔蘚和多肉，這兩種植物的習性是完全相反的，一個喜好潮濕環境，一個喜好乾燥環境，它們搭配在一起儘管好看，但是根本養不長久。

## 如何把握植物的疏密程度？

植物們都需要足夠的養分以及氧氣才能健康地成長，不能一味地追求創意盆栽的「豐盛」而將許多植物都集中在一個容器裏，這樣不僅不利於植物的生長，也容易發生病害，讓你辛辛苦苦種植的盆栽變得奄奄一息。

## 如何製作盆栽植物的基質？

一般我們都會將盆栽的基質層分為幾部分：一是墊底的鋪墊基質；二是起到過濾效果的水苔層；最後是利於苔蘚生長的培土層。只要按照這樣的順序鋪墊基質，植物的根系就會變得足夠強大。一般來說，酸性基質是最利於盆栽生長的。

# 三段式創意盆栽組合法則

　　盆栽不再是簡單枯燥的植物而已，只要發揮自己的想像力，加入一點創意，將不同的植物組合在一起，就能創造出妙趣橫生的植物微景觀。

### 上層

三段式設計中常常選擇直立形、叢生形、蔓生垂枝形等株型的植物。直立形植物具有明顯的主幹或高條花莖，相對其他植物來說高出一截，通常可作為組合盆栽的上層植物。這些植物都種植在最後方，作為整個構圖的背景，也給更低矮的植物留出種植的位置。

### 中層

可選擇叢生形植物，因為其沒有明顯主幹，呈現緊密叢生狀，所有常常可作為焦點的植物，給人豐滿、茂盛的感覺，是組合盆栽中的觀賞焦點、視覺中心。其中還可以加入一些樹脂玩偶，營造出童話故事般的童趣氛圍，使整個盆景生動起來。

### 下層

蔓生垂枝形植物在組合盆栽中多用於下層，宜選外形柔美、株型散而不亂、枝葉細碎、葉片精巧細緻的種類，這些植物多半附着於土壤上，或者十分接近土壤表面，在構圖上可營造出綠地的感覺，起到填補空缺、豐滿造型、彌補不足的作用。

**TIPS**

### 多肉類盆栽組合法則

仙人掌類、多肉植物組合栽植時，較高大的多棱柱狀、多分枝狀植株常作上層，多棱球狀、色彩鮮艷的嫁接球可作中層，株型緊湊、低矮的蓮座狀、多分枝狀植株可作下層。

# 組合盆栽的養護秘訣

不同植物有着不同的生長需求，對光照、水分及溫度等方面的要求都各不相同，只有瞭解了它們的生長習性和養護的小秘訣，才能讓它們健康地成長。

 多肉

|  | 光照 | 水分 | 溫度 |
|---|---|---|---|
| 正常 | 大多喜歡充足陽光 | 乾透澆水；澆水澆透 | 15~28℃ |
| 不足 | 葉片徒長；色彩變淡；不再飽滿；莖杆細弱 | 生長停滯 | 夏型種多肉進入休眠狀態 |
| 過量 | 灼傷 | 爛根 | 大部分多肉活力差；代謝慢 |

## 養護小秘訣

1. 澆水時避開中午強光時刻，避免因澆水造成植物的灼傷。
2. 多肉植物避免經常移盆，隔一段時間可以給植物疏鬆一下土壤。
3. 多肉植物具有季節性，不同的季節它們本身的活力和對水分光照的需求會有不同，所以要根據實際情況調整護理方法。
4. 對於容器底部沒有排水孔的盆栽，澆水時要控制水量，避免容器內積水。
5. 澆水要用多肉專用的尖嘴壺，將水直接澆到基質上，避免澆到植物的葉片，多肉葉片上不宜有積水。
6. 不小心碰掉的肥厚葉片不要隨便丟棄，可以用來葉插。將植物葉片放到潮濕的土壤上，不用掩埋，放到陰涼處，土乾燥時稍微噴點水，約 1 週時間葉片便可以紮根，隨後葉片斷口出會萌生出一個小小的新植株。

苔蘚

| | 光照 | 水分 | 溫度 |
|---|---|---|---|
| 正常 | 散射光線 | 4~5 天澆一點水 | 25~30℃ 最佳 |
| 不足 | 變暗；病變 | 發黃 | 生長不良；體色偏黃 |
| 過量 | 發白或發黃 | 腐敗、死亡 | 不利於生長 |

## 養護小秘訣

1. 悶養的苔蘚，如果開蓋換氣時發現容器內濕度加大，就不需要澆水，以免造成容器內積水。
2. 澆水方式是在土壤基質中加水，或者噴水在苔蘚表面，不能用水泡。苔蘚喜歡潮濕環境，但這個「潮濕」並不是指土壤中的水分，而是指空氣中的濕度。
3. 冬季氣溫低，要將苔蘚放置在室內。平時的夜間，如果發現室外溫度下降過多，就不要再將盆栽放在陽台或窗台等低溫環境下。
4. 保持每日給植物通風 20~30 分鐘，讓植物換氣，使盆栽內能夠有新鮮空氣並帶走黴菌。如夏天遇到高濕氣候，可以提前使用多菌靈避免黴菌滋生。
5. 夏季的時候，苔蘚應避免高溫高濕環境，不能直接暴曬在強烈陽光下。
6. 苔蘚也要適當見光，才能進行光合作用，維持平時正常的生長需要。但對光照強度有要求，應選擇散射光線為宜。

# 如何選擇花盆

不同材質的花盆具有不同的優缺點，所以在選擇時要根據植物的特性來決定。而現在，花盆也逐漸成為盆栽中不可或缺的一種裝飾品。選對了花盆，可以為植物增色不少。

## 泥瓦花盆

泥瓦花盆是用黏土燒製而成，它是最普通、最耐用的花盆，具有價格低廉、透氣性好等特點，特別適合用於在家中栽培植物。

## 紫砂花盆

紫砂花盆的特點是製作精巧、古樸大方，但它的透氣性和透水性沒有陶質花盆好，可以用來種植喜歡濕潤的植物，或拿來用作套盆。

## 竹質花盆

竹質花盆是用竹子編製而成，具有良好的透水和透氣性，不易造成植物根部積水，可有效防止爛根等情況。

## 玻璃花盆

玻璃花盆顧名思義就是完全用玻璃製成的花盆，全透明的盆身，使之常用來種植微觀植物，透過玻璃可以看到盆中植物的「一舉一動」。

## 瓷質花盆

瓷質花盆是用瓷泥製作而成，外面塗上彩釉。瓷盆的工藝比較精美，造型美觀大方，和植物搭配相得益彰。它的缺點是排水性和透氣性不良。多用來種植室內的觀葉植物和花卉，或用作瓦盆的套盆。

### 石質花盆

石質花盆的材質是石頭，所以花盆會較重，不宜放在桌上。因為選用的是天然石質，所以其會有很多藝術上的發揮，有些花盆還被用作裝點家居的藝術品。其缺點是排水和透氣性較差。

### 木質花盆

木質長形花盆是較常見的木質花盆，其最大的特點是透氣、排水性能好。但需要注意木質的防腐，木頭遇水之後，時間長了容易變質腐爛，還容易生蟲，影響植物的正常生長。

### 塑料花盆

塑料花盆具有質地輕、色彩多樣、規格齊全的特點，在現在的植物種植中應用廣泛。但是其透水和透氣的性能相對差一些，所以在種植過程中要注意土壤的疏鬆和澆水的分量。

### 釉陶花盆

釉陶花盆是在陶盆的外表塗上各種顏色的彩釉，外形美觀，形式多樣，但是它的排水性和透氣性較差，多用於製作盆景。

### 鐵質花盆

鐵質花盆用鐵製作而成，相較於瓷質花盆和石質花盆等，它的質地較輕，價格也較實惠，而且隨着鐵藝的流行，鐵質花盆呈現出多姿多彩的模樣，可用於居家裝飾。但它的缺點是排水和透氣性較差。

# 缸形玻璃花器 ——將森林氣息盡收眼底——

　　透過花器的玻璃可以看到，那是一個被缸形玻璃環繞的世界，如同一片遠離繁雜生活且充滿生命力的小小森林，可以給人的心靈補充氧氣和能量。

## 創意細節

**1** 卡通的擺件給整個盆栽增添了童話色彩。

**2** 苔蘚在盆栽的童話氛圍中充當綠地的角色。

**3** 綠色植物營造出樹木鬱鬱蔥蔥的感覺，仿佛置身樹林之中。

### 創意工具

缸形玻璃花器 1 個，樹脂卡通、碎石、苔蘚、碎石、植物各適量。

### 擺放位置

擺放在客廳、書房等室內，避免陽光直射。

DIY 課堂

### 盆栽養護重點

苔蘚喜歡明亮的散射光照，所以勿置於室內陰暗的地方，要保持通風透氣，以免造成苔蘚及瓶內的植物過度悶濕引起發黴等情況。澆水時看到植物表面濕潤即可，毋須過度澆水。若看到瓶內有霧氣表示濕度已經足夠，就不需要再另外澆水了。

# 瓶形玻璃花器 —— 精緻立體的小小童話世界 ——

盆栽不一定要種植在又圓又矮的花器中，選擇細長的瓶形玻璃花器，讓這個縮小的童話世界更精緻、更立體、更可愛。

**1** 人偶是盆栽的主角，展現出嬌小可愛的一面。

**2** 苔蘚佔領盆栽表面的大部分面積，充當綠地。

**3** 羅漢松挺立在後方，形成青翠碧綠的小樹。

## 創意工具

瓶形玻璃花器 1 個，樹脂卡通、苔蘚、羅漢松、彩砂、碎石各適量。

## 擺放位置

適合擺放於辦公桌、茶几等光線不那麼強的地方。

DIY 課堂

## 盆栽養護重點

放在有蓋的瓶中養殖，不能時時都蓋着蓋子，需要適當將其打開，讓裏面的空氣得以流通，以免細菌在悶濕的環境中滋生。同時要給植物適量的散射光照，讓植物能夠健康生長，但是要避免強光直射。

吊瓶中的盆栽掛在離地面有
一定距離的半空中，仿佛是漂浮
在空中的神奇世界，脫離了地表，
更具仙氣。

**1** 龍貓在整個盆栽中起到畫龍點睛的作用。

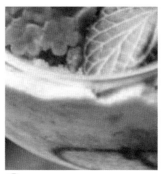

**2** 彩砂起到裝飾作用，為整個盆栽增添粉色的可愛氣息。

**3** 將花葉絡石放置在吊瓶中的右前方，增加植物的延伸感。

## 創意工具

吊瓶 1 個，樹脂龍貓 1 隻 ，網紋草、花葉絡石、培土、彩砂、鋪面基質各適量。

DIY 課堂

## 擺放位置

擺放在客廳、書房等室內，保持通風透氣。

## 盆栽養護重點

首次給植物澆水的時候，可以澆稍微多點水，然後微微傾斜花器，並用紙巾將多餘的積水吸出。如果植物的根部過長，可以將植物根部包裹起來再放入土裏，儘量不要剪去根部，讓其帶原土種植，這樣存活率較高。

# 扣置玻璃花器 ──隔絕外界的一切喧囂──

扣置的玻璃花器默默將外界與器內的盆栽隔絕,無論外界如何嘈雜,器內都是靜逸、盎然,讓人都不忍心去打擾裏面的那份夢幻。

**1** 樹脂卡通帶着一絲可愛和神秘，讓盆栽充滿童趣。

**2** 碎石能起到固定的作用，並讓地面看起來更整潔、平整。

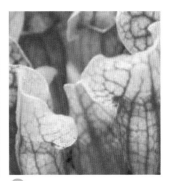

**3** 色彩鮮艷、紋路特別的瓶子草，作為背景一點也不失色。

## 創意工具

扣置玻璃花器 1 個，樹脂卡通、碎石、苔蘚、瓶子草、花葉絡石各適量。

## 擺放位置

擺放在客廳、書房等室內，適當通風透氣。

DIY 課堂

## 盆栽養護重點

瓶子草在充足陽光的照射下生長繁茂，光照不足時，它會變得色澤晦暗和徒長，原有的鮮紅色澤會消失並變成暗綠色。瓶子草喜歡較潮濕的環境，可以對其增加澆水或噴霧次數來製造高濕環境。

# 小布丁瓶

吃剩下的布丁瓶扔掉尤為可惜，發揮一下小創意將綠植種入瓶中，這又是你內心中最美的一個童話故事。

**1** 可愛的小浣熊表情生動活潑，是創意的主體。

**2** 碧綠的苔蘚仿佛微縮的小森林，護眼又美麗。

**3** 米黃色的小碎石營造的小路讓瓶中景色更生動。

**創意工具**

樹脂小浣熊1隻，布丁瓶1個，苔蘚、碎石各適量。

**擺放位置**

適合擺放於辦公桌、茶几等光線不那麼強的地方。

DIY 課堂

**盆栽養護重點**

苔蘚要保證常年濕潤才能存活得更好，所以要勤澆水。培植苔蘚不需要特別的土壤，一般土壤都可存活，也不需要特別施肥。室內觀賞時應放在通風且明亮的位置，也要注意給它充足的光照並且保證空氣濕度，這樣養出來的苔蘚才能又綠又飽滿。

# 沉木花器 ——留下時光的一步步腳印——

　　小盆栽不僅活潑可愛，它還可以與古樸風格的花器相結合。帶有一定年代感的沉木花器，給盆栽增加了質感，而俏皮的樹脂卡通，又為其融入了活力。

**1** 呆頭呆腦的小黃人，無處不散發出那股呆萌的可愛氣質。

**2** 空氣鳳梨位於花器中部，是整個盆栽的植物主角。

**3** 沉木花器不像精緻打造過的花器那麼刻意，更顯出一種自然、古樸的感覺。

## 創意工具

沉木花器 1 個，樹脂卡通、空氣鳳梨、海螺、苔蘚各適量。

## 擺放位置

適合擺放於書桌、茶几等不被陽光直射的地方。

DIY 課堂

## 盆栽養護重點

空氣鳳梨原產於中南美洲高原，適宜生長的溫度為 15~30℃，大多數品種在低於 5℃ 的情況下會凍傷，低於 0℃ 會導致死亡。要保持環境的通風，並保證空氣有一定濕度。空氣鳳梨需要很大的空氣流通量，所以不能放在缸裏種植，否則會被悶壞。

# 相框花器 ——讓碰撞的火花定格成美麗的畫面——

　　被相框花器框住的多肉們，色彩亮麗，外形各異，如同來自不同世界的可愛精靈，碰撞出神奇的火花，最終被定格於此。

**1** 珠圓玉潤的玉露，葉片含有充足的水分，仿佛一塊塊透明的水晶。

**2** 變紅的姬朧月在眾多綠色多肉中更為突出，也增添了一抹色彩。

**3** 狗尾巴草在多肉中異軍突起，將可愛與大自然的靜逸連結起來。

### 創意工具

相框花器 1 個，狗尾巴草、玉露、姬朧月等各種多肉植物各適量。

### 擺放位置

適合擺放於窗台邊等能得到散射光線的地方。

DIY 課堂

### 盆栽養護重點

多肉植物大多都喜歡陽光，對水分的要求不是很高。在生長季節可以多澆一點水，但不要澆完水後直接放置到陽光下，否則會影響多肉的生長。澆水要遵循澆透的原則，頻率不用很高，大概每週澆 1 次即可，避免積水造成爛根。

# 匣形木質花器 ——小小世界散發出無限光芒——

　　木質花器本身就透露出大自然的親切感，開放式的花器，沒有玻璃的局限，使各種植物能自然延伸，讓這股大自然的氣息蔓延至整個家中。

Les quatre saisons
*Bonheur*

**1** 藍頂白牆的樹脂小屋，在多肉植物中顯得如此生動與和諧。

**2** 藍石蓮在全年大部分時間都呈現藍白色，當光照充足時，會變得泛紅，更加動人。

**3** 在單調的碎石中鋪上富有光澤的彩砂，讓畫面更為生動、閃亮。

## 創意工具

扁形木質花器 1 個，樹脂卡通、彩砂、碎石、金枝玉葉等多肉植物各適量。

## 擺放位置

適合擺放於窗台邊等能得到散射光線的地方。

DIY 課堂

## 盆栽養護重點

藍石蓮喜歡日照，要放置在通風、乾燥的環境。日照充足能使藍石蓮的葉片更加飽滿緊湊，因為藍石蓮後期會長大，所以適當日照還能減緩它的生長速度。但是不能直接在陽光下暴曬，特別是在炎熱的夏天，要給植物適當遮陰。

# 木盒花器 ——讓滿滿童真爬上你的窗台——

已經分不清木盒花器上的主角，到底是卡通裝飾了植物，還是植物襯托着卡通，它們是如此自然和諧，相得益彰。

1 大兔子歪着腦袋,帶着呆萌樣,一副十足的主角樣子。

2 生動的小瓢蟲散落在花器旁,簡直能夠以假亂真。

3 伸展出的一隻金枝玉葉,讓整個盆栽更自然,不顯刻板。

## 創意工具

木盒花器 1 個,樹脂卡通、金枝玉葉、千佛手等多肉植物各適量。

## 擺放位置

適合擺放於窗台邊等能得到散射光線的地方。

DIY 課堂

## 盆栽養護重點

植物在種植或換盆時要注意,先選擇大小適中的花器,放入土壤後,估計好埋入植物的深度,把植物的下部葉剪掉,將其放入盆中固定好。看看各種植物組合起來的造型,根據葉子的形狀、大小和顏色,保持相互間的協調。最後放入混合基質,弄平土面,並清理乾淨植物表面。

# 盆栽養護小貼士
# 讓盆栽更健康地生長

打造了屬自己的小小盆栽，日後的悉心護養也不能忘！正確合理的照料方式，能讓盆栽更茁壯地成長。投入你的用心，再加上本章的貼士助航，讓你種出創意爆棚的健康盆栽。

嚴寒和酷暑令盆栽更容易「生病」。所以我們要花更多的精力和心思在這兩季裏，讓心愛的植物健康美麗地度過嚴寒和酷暑。

## Q1 冬季如何為植物「保暖」？

寒冷的冬季最首要的任務就是防止植物因為低溫而造成凍傷，白天要將盆栽放在光照充足的地方，讓它們充分吸收光熱；晚上可以放回室內，防止夜間溫度驟降而凍傷植物。一些室外大型盆栽如梅花、臘梅等，可以用稻草、麥秸、舊布、舊棉絮等保暖物包紮莖杆部位保暖。

## Q2 冬季如何改變澆水時間及習慣？

冬季為盆栽澆水最好選擇在光照最佳的中午，這樣可以讓水分充分蒸發，以免過多的水分殘留在盆栽裏，導致晚上溫度降下來凍傷植物根系。此外，部分植物冬天會休眠，澆水可以適當減少。以土壤的乾濕度為根據，土乾了再澆水，不要讓土壤太濕潤。

## Q3 冬季如何調整盆栽修剪習慣？

由於冬天寒冷，冬季休眠花木的修剪（如月季、紫薇等）時間宜適當推遲至春季氣溫回升、花木尚未萌芽前進行，以防枝條被凍傷，影響生長。當然修剪也可現在進行，只是枝條要適當留長一些，等氣溫回升再進行一次複剪，剪除過長及凍傷部分。常綠的花木盆栽應及時修剪，可提高冬季觀賞價值，還能減少蒸騰作用，提高植株抗寒性。

**夏季如何定期噴灑藥水？**

火紅的夏日是百花爭艷的季節，也是病蟲害高發的季節，除了要將盆栽擺放在通風透氣的地方，也要定期噴灑藥水防止病蟲害的產生，讓盆栽一直處於健康的狀態。

 **夏季如何改變澆水時間及習慣？**

夏季澆水時間與冬季全然不同，最好的澆水時段應該是清晨或者傍晚，氣溫不高且涼爽的時候最適合。這個時間段的土壤溫度比較低，澆水正好。不要在正午澆水，這樣等於用熱水在給植物澆水，很容易對植物的根系造成傷害，甚至導致植物死亡。

 **夏季如何通過縮短施肥時間來為植物避暑？**

夏季盆栽生長比較快，開花也比較旺盛，所需的養料要比冬季休眠期多很多。這時可以由原來的每月 1 次，增加到每 2 週左右對植物施薄肥 1 次，這樣快速生長的植物不僅能夠保持很好的狀態，也能為開花的盆栽適當延長花期。

# 病蟲害的預防和急救方法

　　植物也是生命體，也容易受到病蟲害的傷害，如果不及時處理，植物可能會奄奄一息甚至死亡。遇到這樣的情況時，我們要學會科學處理，保證盆栽的健康成長。

## 從最初開始預防病蟲害

洗根 ····▶ 消毒 ····▶ 殺蟲 ····▶ 灌根

### 洗根

新購買的植物根系攜帶的土裏，很可能含有大量的蟲卵和細菌，導致後期會有蚧殼蟲之類的病蟲害，因此要先洗根。洗根的時候，先裝好一盆清水，將根部放進水裏來回抖動，力道要輕一點，儘量少傷害根部。不能放在水龍頭下直接沖洗，這樣會使根系折斷。清洗好後，如有必要，可以對根系進行一下修剪，剪掉那些發黑的病根或死根。

### 消毒

從花市上買回來的花土，無論當時老闆如何保證這花土的乾淨程度，買回來後還是要高溫消毒一遍，為的是消滅土裏的細菌和殺死裏面的蟲卵。高溫消毒只能稱為臨時性的消毒，因為之後只要溫度、濕度合適，還是會滋生大量細菌。但是高溫消毒對殺死花土裏的蟲卵卻相當有成效，花土裏的蟲卵非常多，只要簡單的高溫消毒即可大範圍消除。常用的高溫消毒方法是將花土放入準備好的大碗中，放到微波爐裏加熱 10~15 分鐘，取出花土待冷卻後即可使用。

### 殺蟲

在大多數情況下，前期的消毒工作並不能完全消滅蟲卵，加上風、動物等的傳播，都會再次對新植物造成蟲害，所以殺蟲劑是家中的必備。殺蟲劑難免會對人體健康造成影響，當在家中使用時，要保持家裏良好的通風狀況，最好在與室內有隔斷的陽台或戶外噴灑。

### 灌根

所謂灌根就是像灌水一樣將藥水灌下去。當植株的表面噴灑完殺蟲劑之後，可以調製相對濃度稍高的殺蟲藥劑，對盆土進行澆灌。這一步能對盆土內及附着在植株根部的若蟲和成蟲進行毒殺。注意灌根的殺蟲藥劑濃度要根據土壤濕度的變化而變化，灌根要在澆水之前或在兩次澆水之間進行，不可在澆水之後，灌根後也不可馬上澆水。

## 遇到病蟲害的急救方法

### 螞蟻

遇到螞蟻時，可以用 70% 的滅蟻靈粉，直接撒在有蟻群的根際土面，以及蟻巢、蟻道的周圍。此外，用林丹、氯丹、七氯等粉劑噴施在蟻群活動的土面，也有良好的效果。

### 蚜蟲

用 50% 磷胺乳劑 2000 倍液或 50% 樂果乳劑 1000 倍液噴灑植株，每 3~5 天噴灑 1 次，連續 3 次，即可消滅蚜蟲。

### 蚧殼蟲

首先要改善環境，保持植物盆栽通風透氣，防止水浸過重。發現少量蚧殼蟲，可用牙籤輕輕剔除。數量較多時，幼蟲和若蟲可用樂果乳劑 1000 倍液噴 1 次，成蟲用滅蚧靈噴 2 次。

### 葉斑病

清除病葉，減少侵染源，並可以選用 75% 百菌清、50% 托森鋅、50% 敵克丹的任意一種，濃度均為 500 倍液，10 天左右噴 1 次即可。

### 紅蜘蛛

常用 40% 的氧化樂果 1000~1500 倍液、40% 的三氯殺蟎醇 1000 倍液等，在高溫乾燥的季節每隔 7~10 天可噴灑 1 次。或用 50% 的敵敵畏 800~1000 倍液噴灑，每週 1 次，2~3 次即可。

### 蝸牛

在受害的植物根際周圍潑灑茶籽餅水或撒施經水泡的茶籽餅屑；或撒施 8% 滅蝸靈顆粒在植物根際的周圍土面，效果均不錯。

### 炭疽病

發病時剪去病枝並燒毀病蟲，然後噴 1:1:100 波爾多液保護，並防止蔓延；或噴灑 50% 多菌靈可濕性粉劑 500 倍液。將植物放在通風和光照良好的環境裏。

### 根腐病

及時挖除病株及其附近的帶菌土，並用 1% 硫酸銅溶液對病株周圍的土壤消毒，防止病菌擴散。

# 不同季節的澆水技巧

　　四季變換輪轉，我們會隨着氣候的變化而改變着裝以及飲食。植物也一樣，不同季節它們所需的水分各不相同，我們也要學會根據植物的狀態去照顧它們。

 各類植物需水量總結表

| 名稱 | 水量 | 名稱 | 水量 |
|------|------|------|------|
| 六月雪 | 夏：每天噴水 1~2 次<br>冬：減少澆水次數 | 龜背竹 | 春秋：2~3 天澆 1 次水<br>夏：除正常澆水外，需多噴水 |
| 合果芋 | 夏：每天向葉面噴水<br>冬：減少澆水次數 | 幸福樹 | 夏：每天噴水 2~3 次<br>冬：減少澆水次數 |
| 迷迭香 | 夏：2 天澆 1 次水<br>冬：3~4 天澆 1 次水 | 胡椒木 | 夏秋：2~3 天澆 1 次水<br>冬：減少澆水次數 |
| 金邊檸檬百里香 | 夏：早晚各澆水 2 次<br>冬：減少澆水次數 | 仙人球 | 春夏：1~2 個月澆 1 次水<br>秋冬：2~3 個月澆 1 次水 |
| 十二卷 | 一般每天噴水 1~2 次 | 四季櫻草 | 一般 2~3 天澆 1 次水 |
| 火祭 | 一般 10 天左右澆 1 次水 | 波士頓蕨 | 一般每天澆水 1~2 次 |
| 小龍角 | 一般 10~20 天澆 1 次水 | 狼尾蕨 | 一般 2~3 天澆 1 次水 |
| 鳳尾蕨 | 一般 2~3 天澆 1 次水 | 薄荷 | 一般 15 天左右澆 1 次水 |

## 科學澆水的大原則

### 先瞭解植物習性

對於觀葉植物來說，澆水是否得當是其養護的重要環節。首先，要先全面瞭解植物的習性，掌握其對水的需求量。其次，各種植物在每個季節對水的需求量是不同的，得根據當時天氣的陰晴、氣溫的高低、濕度的大小，靈活掌握澆水量。然後，要根據植株的大小、花器的深淺、盆栽放置的位置等各種外部因素，來考量澆水量。

### 根據季節來澆水

不同季節，應合理掌握澆水的時間和次數。春季，是植物生長的季節，可以每 1~2 天澆 1 次，並向葉面噴水，增加空氣的濕度。澆水時間為上午或下午。夏季天氣炎熱，水分蒸發快，每天可澆水 1~2 次。當發現植物萎蔫或盆土乾燥時，應立即澆水。澆水時間為早上或傍晚，期間可向葉片多次噴水。秋季應逐漸減少澆水量，可每 2~4 天澆 1 次，並停止向葉面噴水。澆水時間為上午或下午。冬季的澆水量要視盆土的潮濕情況而定。當室內的溫度高、水分蒸發快時，可縮短澆水間隔的時間；若室內溫度低，澆水間隔就長一些。澆水時間為中午前後，一般 1 週澆 1 次。

# 用修剪調整盆栽姿態和生長速度

　　盆栽是一個活的藝術品，植物的不斷生長，難免會對其本身的姿態造成影響，所以要通過正確的修剪方法，來保證盆栽的藝術感。

## 摘心

摘心即去尖、打頂，是對預留的幹枝、基本枝或側枝進行處理，破除植株的頂端優勢，促使其下面腋芽萌發，抑制其枝條的徒長，促使植株多分枝，並形成多花頭和優美的株型。例如松柏類的盆栽，可以在其萌芽的季節，用手直接摘除頂芽。摘心的作用有兩點：一是促進分枝，增加枝葉量。二是促進盛果期樹腋花芽的形成。但是值得注意的是，如果是長勢較弱的盆栽，最好不要經常摘心，以免造成回芽。在摘心的一週前最好追肥增加植物的營養，可以促使新芽生長粗壯。對於觀花類的盆栽，最好在開花後進行摘心，以免影響觀花。

## 疏葉

疏葉，即剔除盆栽上的葉片。疏葉的作用，首先是可以清除枝葉上一些容易藏污納垢的角落，其次是減少葉片量，增加植物內膛的受光機會，最後是利用植物再度生長的時段，活化植物的形成層部分。對於觀葉植物來說，疏葉可以重新修正盆栽的外形，充分顯示植物的美感。由於疏葉會讓植物損失大量營養，所以在疏葉前 10 天要給植物充分的營養補給。而在疏葉後，植物的光合作用會減弱，所以在疏葉時盆土保持微微濕潤即可，防止在疏葉後由於水分蒸發不掉而造成爛根。

## 疏枝

疏枝，即當植物生長過旺、枝葉生長過密時，適當地剪去部分枝條。疏枝可以達到給植物改善通風條件、增加透光度的效果，促使植物能更茁壯地成長。當植物生長出許多新的枝條，影響了盆栽的整體造型時，可以選擇不必要的枝條進行準確的疏剪。當植物出現病蟲害時，疏枝也是非常必要的，要及時剪去受病蟲危害的枝條，保證植株的健康生長，並保持整株植物的整體美觀。在剪掉比較大的枝條後，要對剪口進行處理，削平並塗抹藥物防腐。

## 縮減

縮減，即剪去植物 2 年生枝條或多年生枝條的一部分。縮減的作用因剪枝條的部位不同而有分別。第一是復壯作用，第二是抑制作用。對於不同品種的植物，其縮減的方法也不同。對於萌發力較強的品種，新枝長出後，其粗度達到上一級別枝條的 3/4 時，保留需要的長度進行修剪。對於觀花的盆栽，會在短枝上開花，長枝是營養枝，只要留下 1~2 節即可，其餘的可以減去，讓短枝花密。

# 怎樣給盆栽換一個家

　　花盆是盆栽最溫暖的家，可以保護土壤和植物根部的生長。由於長期經受風的凜冽吹襲和雨的沖刷，加上植物在不斷長大，一段時期以後，花盆的保護功能會逐漸下降，此時就需要給盆栽換一個家。

## 為何要給盆栽換盆

植物通過根吸收土壤中的養分和水，當盆中的土壤裏充滿了根，會減少土壤中的空氣，根的廢棄物還會塞住土壤的空隙，造成氧氣的不足和含水量的降低，影響植物的健康生長，而通過換盆可以改善以上的這些情況。當換盆時，要先對植物的根系進行修剪，去除老根，生出新根，能讓植物的枝葉更健康、茂盛。換盆時，對於受到病蟲害的根部，要進行沖洗或剪切，並對其進行相應的防治病蟲害處理。原來的舊土中多多少少會含有細菌和蟲卵，此時換上新土，等於給植物換上一個更健康的生長環境。換盆時可以根據植物的生長形勢，搭配一個更美觀大方的花盆，讓植物充滿新鮮的活力。

## 換盆的時間

大多數植物適合在春季和秋季進行換盆，有些植物在冬季也可以進行，但是不要在盛夏高溫的時期給植物換盆，這時換盆容易導致植物死亡。選擇在植物休眠期和生長初期換盆，對植物的影響會較小，在其他時期就會對植物生長造成較大的影響，例如其生長旺期、花蕾期、開花期和結果期等。對於正處於緩苗期的植物不要輕易換盆，否則可能會對其造成二次傷害。

## 換盆的方法

1. 將植物脫盆，用手輕輕按壓植物根部，將土壤壓鬆，把土裏的根整理出來。
2. 按照植株的大小確定保留根部的長度，植株越大保留的根越長，然後將多餘的根和枯枝敗葉剪掉。
3. 選擇有一定透氣性和保水性的土壤。土壤的構成和調配，可根據植物的不同自行組合。
4. 將土壤放入新盆至 1/3 的深度，用手稍微壓實，放入植物，再加土至八分滿即可。
5. 換盆後先不要施肥，也不要將植物放在太陽下照射，將其放置在屋簷下或窗台邊等不被陽光直射但是有光線的地方，放置 10~14 天後，再給其少量施肥。

換盆的注意事項

1. 換盆時，植物的根部盡可能多帶些土，因為帶土移栽比裸根移栽更容易成活。
2. 如果原來換盆前使用的是塑料盆，建議可以將其剪開，儘量不傷到植物的根系。
3. 不要在短時間內連續換盆，一般植物兩次換盆之間要間隔半年以上的時間。

# 如何給盆栽恰到好處的日照

盆栽中有喜陽植物和喜陰植物之分，它們對日照的需求不同，因此要將其放置在最合適的位置栽培，確保其健康生長的同時，又能美化我們的家居環境。

## 充滿陽光的窗台

窗台是能接受日照最豐富的地方，在這裏擺放的都為喜陽植物，而且都具備一定耐旱的特點，如仙人球、不死鳥、松紅梅、薄荷等等。但是在陽光強烈的夏日，還是要給這些植物一定的防曬措施，以免將其灼傷。

## 明亮通風的書房

書房一般都有採光較好的窗戶，一來可以保持空氣的流通，二來能增加房間的亮度。書房的窗戶邊適合種植喜陽的植物，一般是選擇充滿活力的綠色植物，如合果芋、四季櫻草、小米菊等等，不僅能消除眼睛疲勞，還能激發工作的熱情。

## 散光良好的臥室

臥室也是相對較隱秘的地方，房間內的陽光相對較少，白天打開窗簾可以照進一些散射光線。在這裏可以擺放一些喜陰的蕨類植物，如鈕扣蕨、波士頓蕨等等。蕨類植物不會釋放有異味的氣體，對人體不會產生負面影響，更不會影響睡眠。挑選種植在造型美觀的玻璃花器中的蕨類植物，還可以給臥室增添幾絲趣味。

## 陰涼適中的客廳

客廳相對於玄關來說，沒有那麼陰暗，但還是處於離光線較遠的地方，所以放在客廳的植物需要有一定的耐陰性。客廳通常以擺放中小型的觀葉植物或者花卉為主，如小天使、瑪麗安、鴨腳木等等，避免大型的盆栽，以免招惹蚊蟲。

## 光線較弱的玄關

玄關是一個家的門面，一般都是寬敞開放的，這裏離窗台較遠，通常得不到甚麼光線，可以擺放有一定耐陰性、喜歡溫暖濕潤的植物。為了配合玄關的擺設，為其增加生氣，選用葉片植物比較適宜，例如春羽。

## 給多肉足夠的日照時間

多肉植物每天最少要接受 3~4 個小時的日照，有的還會達到 6~8 個小時之多。所以每天要盡可能將多肉放在窗台上接受陽光的照射。

充足的日照可以改變多肉的狀態，很多有色彩的多肉，其顏色會根據日照的程度而變深或更為艷麗。而且經常得到日照的多肉植物，會比長時間在室內栽培的多肉更健康，葉片更緊湊，也更不容易生蟲害。特別是到了陰雨季節，細菌和蟲害會大量滋生，室內栽培的多肉得不到陽光的照射，不能殺菌，會加大染上蟲害的幾率。得不到日照的多肉植物還會抵抗力下降，葉片徒長、稀疏，不僅影響美觀，其生長狀態還會差很多。

## 給多肉適當的日照強度

雖然日照對於多肉植物很重要，但是也要選好日照的時間段，並不是每個時段都適合將多肉植物擺上窗台接受日照。比如在炎熱的夏日，不要在艷陽高照的中午時間曬多肉，以免陽光太過強烈，將多肉灼傷。夏季還要給一些多肉植物保持通風陰涼的環境，如果陽光太過強烈，就要給多肉植物做好保護措施，比如裝上防曬網等。

總而言之，適度的日照長短加上適中的日照強弱，才能栽培出一棵棵健康、美麗、惹人喜愛的多肉植物。

# 植物也有「服役期」，看狀態懂淘汰

　　植物也有「服役期」，要對它悉心地呵護，才能讓其「服役」時間更長。當植物出現以下這些情況時，即可判斷是否該將其淘汰。

## 缺營養及病蟲害會使植物變色

盆栽植物的葉片開始變色，是最初始也是最直觀的異變狀態，常常表現為葉片顏色褪綠或是變黃。如果是缺乏營養或養護環境不佳，會表現為葉片褪色，如果是感染了病蟲害，會表現為葉片局部變色或沿葉脈變色等。

## 認識各種常見的植物畸形

盆栽畸形主要表現為徒長、矮化和叢生等。畸形的葉片和枝幹會扭曲、皺縮、捲葉、縮葉等，根部和莖會過度分枝引起叢生。還有一種畸形表現為植物的部分組織出現過度生長，如同腫瘤。此外，感染病蟲害也可能引起各種病態的畸形。

## 缺乏水分導致植物萎蔫

萎蔫指的是植物由於缺乏水分而出現莖葉萎縮的情況。植物在嚴重缺水的時候，其細胞會失去膨壓，莖和葉就會出現下垂現象。萎蔫有暫時萎蔫和永久萎蔫兩種情況，在植物蒸騰作用降低後，還能恢復原狀的，稱為暫時萎蔫；在植物蒸騰作用降低後，不能恢復原狀的，稱為永久萎蔫。

## 葉斑及葉枯説明植物壞死

壞死在葉片上的表現為葉斑和葉枯兩種。葉斑就是在葉片上出現圓斑、角斑、環斑等不同種類的斑紋；葉枯就是指葉片出現大面積乾枯、死亡。大多數壞死的情況都是由於真菌或細菌的侵染而引起的。

## 不同類型的植物腐爛

腐爛也分為兩種，一種是濕腐，一種是乾腐。濕腐是由於水分含量較多而引起，一般是給盆栽澆水過多，水分不能順利排出，引起積水導致。此時的根部被水浸泡，容易發生爛根。乾腐是由於含水量少而較堅硬的組織發生萎縮從而乾枯腐朽。

## 不同類型的植物腐爛

澆水過多，會使盆土積水，造成植物根部長期處在浸泡和缺氧的狀態而爛根，導致其吸水和吸肥能力下降，引起葉片變黃。這時應立即減少澆水量，並停止施肥，鬆開盆土根部透氣。

澆水過少，葉片的水分蒸發會大於水分的吸收，造成缺水並引起葉片發黃。此時應將盆栽放置到陰涼處，並向葉面上噴水，先澆少量水，澆水量待日後莖葉慢慢恢復而慢慢增多。

## 施肥不當影響植物健康

施肥過多，新葉會肥厚，葉面凹凸不平，而老葉會逐漸發黃脫落。此時要減少施肥量，增加澆水量，讓肥料從排水孔流出。

施肥不足，會導致枝葉瘦弱，葉片薄且黃。此時將整株植物重新放入疏鬆肥沃的培養土中栽培，恢復好後再施肥。

## 日照強弱關係植物生長

日照過強，在陽光直射下的植物水分蒸發快，容易葉片發黃，甚至灼傷。此時要儘快將植物移至通風好的陰涼處養護。

日照不足，喜陽的植物會表現為生命力不強，葉片薄而發黃，生長較衰弱。此時應將其移至室外陽光充足的地方，讓其接受充足陽光。

## 溫度不適容易出現黃葉

溫度過高，一般是在夏季陽光強烈和冬季在室內取暖時，植物會因溫度上升而造成葉片發黃。冬季在室內取暖時，空氣乾燥，喜歡濕潤的植物容易出現葉尖乾枯、葉緣捲曲等情況。此時要給室內增加濕度，或將植物移至遠離溫度高的地方。

溫度過低，一般是在冬季溫度下降的時候，喜歡溫暖或高溫的植物容易出現黃葉。此時要將植物移至室內，並給植物做好防寒措施，確保其安全越冬。

## 病蟲害是植物的致命傷

當植物遇到病蟲害時，會引起多種葉斑病，表現為葉片上出現各種斑紋，葉色由綠變黃或黃綠夾雜的情況。例如受到紅蜘蛛的侵害，植物的葉綠素會被破壞，葉片出現黃白色斑點，嚴重時會變黃脫落。當發現病蟲害後，應立即採取噴藥等防治措施。

造氧小盆栽

踢走髒空氣

作者
摩天文傳

編輯
譚麗琴

美術設計
鍾啟善

排版
吳廣德

出版者
萬里機構
香港鰂魚涌英皇道499號北角工業大廈20樓
電話：2564 7511
傳真：2565 5539
電郵：info@wanlibk.com
網址：http://www.wanlibk.com
　　　http://www.facebook.com/wanlibk

發行者
香港聯合書刊物流有限公司
香港新界大埔汀麗路 36 號
中華商務印刷大廈 3 字樓
電話：2150 2100
傳真：2407 3062
電郵：info@suplogistics.com.hk

承印者
美雅印刷製本有限公司

出版日期
二零二零年二月第一次印刷